物理世界的本质

[英]A.S.爱丁顿 著

张建文 译

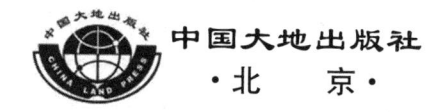

中国大地出版社
·北京·

图书在版编目(CIP)数据

物理世界的本质 /（英）A. S. 爱丁顿著；张建文译. — 北京：中国大地出版社，2017.12（2020.7 重印）
ISBN 978-7-5200-0075-8

Ⅰ. ①物… Ⅱ. ①A… ②张… Ⅲ. ①物理学－研究 Ⅳ. ①O4

中国版本图书馆 CIP 数据核字（2017）第 211733 号

WULI SHIJIE DE BENZHI

著 者	(英)A. S. 爱丁顿
译 者	张建文
责任编辑	王一宾
责任校对	王洪强
出版发行	中国大地出版社
社址邮编	北京海淀区学院路 31 号，100083
购书热线	(010)66554518
编辑室电话	(010)66554511
网 址	http://www.gph.com.cn
传 真	(010)66554518　(010)66554686
印 刷	北京财经印刷厂
开 本	710mm×1000mm　1/16
印 张	17.25
字 数	224 千字
版 次	2017 年 12 月北京第 1 版
印 次	2020 年 7 月北京第 2 次印刷
定 价	49.00 元
书 号	ISBN 978-7-5200-0075-8

（如对本书有建议或意见，敬请致电本社；如本书有印装问题，本社负责调换）

序

本书主体是 1927 年 1 月到 3 月我在爱丁堡大学所做的吉福德(Gifford)讲座课程,主要是关于新近发生的科学思想巨大变化的哲学结果。相对论与量子理论曾引发了物理世界的新奇概念。热力学原理的进步阐释了渐进但却同样重大的变化。本书前 11 章大部分是关于新的物理学理论,论及采用它们的理由,尤其是隐藏于这些理论后面的概念,其目的在于阐明关于今日所存在的世界的科学见解,而在科学尚未臻于完善的地方,则要判明现代思想的趋势。最后的 4 章,是思考这些科学见解有关人类经验包括宗教在内的广泛方面所应有的地位的内容。在本书中始终遵循着探求的总体精神,正如在绪论的总结中所叙述的。

我希望讨论科学的各章要同后几章的应用分开,并能够引起读者的兴趣。但是,本书写作上并未如此编排,各章并非完全独立成篇。对相对论与量子理论给出平易的阐释并非我的目的,更重要的是要获悉那些最伟大的哲学概念是如何被发现的这一发展过程。本书大部分易于阅读,但也会碰到极具难度的论述。

我的主要目的已如前述,即这些科学理论的发展为哲学家提供了新的材料。然而,我还要更进一步说明,我本人如何设想来使用这些材料。我意识到,此处所陈述的哲学见解,仅仅引发关注——它们只是现代科学工作的一个直接研究结果和对现代科学工作的理解。我在科学的特别激励下所形成的关于事物本质的总体思想,对我本人之外的任何人而言并不重要。尽管这两种思想来源,于我而言十分明确，然而在我开始准备这些讲义时，为达成首尾一致，以及面对可能的非难来辩护它的努力中，它们便成为不可分割的了。由此，我便回想起，关于物理世界我的概念中由相对论的数学研究中所滋生出的观念论的色彩。只要我具有任何较早的哲学见解，它们便呈现出一个完全不同的情境。

我开始便怀疑自己，冒险深入到科学以外的领域，于科学家而言，是否确如所愿。对于这种探究的根本的裁断，便是：它可以为科学家提供关于自身科学研究领域的一种更好的视角。在口头讲演中，自由地提出我的各种见解，似乎并不会导致严重的混乱，但是否永久地记录它们，是否给予它们一种更加完全的形式则难以决断。我对于专业的哲学评论家存有诸多畏惧，但是，一想到那些可能要看看此书是否"在天使之侧"，从而判断其价值的读者，我便完全释然了。从我讲授之后的一年，为把本书各个部分都修改得更加让人满意，我曾数易其稿。如今，相较于早前的书，我以更为自疑的态度以此书示世人。

对于一本大篇幅的著作而言，讲座上的口头用语文体一般说来很不合适，但我决定不做修改。一个科学著者，采用数学公式对他而言是再自然不过了，也是最为清晰的表现方法了，反过来还要请读者给以体谅。本书很多主题极为艰深，因此要使读者了解的唯一希望，便是说明要点，如同面对面讲授时的质询。

在此有必要提醒美国读者，我们（作者为英国人）表示大数字的用语与美国不同，譬如十亿（Billion）在此表示一兆兆（million million）的意义。

1928 年 8 月
A. S. 爱丁顿

目　录

绪论 …………………………………………… 1

第一章　古典物理学之坍塌 …………………… 7

第二章　相对论 ………………………………… 22

第三章　时间 …………………………………… 35

第四章　宇宙的静止 …………………………… 55

第五章　生成 …………………………………… 74

第六章　重力——法则 ………………………… 92

第七章　重力的解释 …………………………… 113

第八章　人在宇宙中的位置 …………………… 131

第九章　量子理论 ……………………………… 143

第十章　新量子理论 …………………………… 158

第十一章　世界建造 …………………………… 180

第十二章　指针读数 …………………………………… 192

第十三章　实在 ………………………………………… 210

第十四章　因果关系 …………………………………… 225

第十五章　科学与神秘主义 …………………………… 243

绪　论

我安定下来从事这些讲稿的写作工作，并把我的椅子拖到我的两张桌子附近。两张桌子！是的，在我周围的每件东西都是双份的——两张桌子、两把椅子、两支笔。

这对于我们开始一门理应达到超水平的科学哲学课程，还不是太过艰深。即便如此，我们也还是不能立即就接触到事物的本质，我们首先得从事物的表面梳理一下。梳理伊始，我首先触及的便是我的两张桌子。

其中一张桌子，很久以来便同我非常熟悉。它是我称之为世界的那个环境的极为平常的物体。我该如何描述一下它呢？它有广度，它相对永存，它有颜色，最为重要的是它是物质的。就物质这一点而言，我的意思不仅仅是说我靠在它上面时它不倾倒，而是说它是由"物质"构成的。由"物质"这个词，我就尝试着把物体的固有性质的某种概念传达出来。它是一个物体，并不像空间，只是一种虚无，也不像只有上帝才知其为何物的时间！但是那还不足以帮助你理解我的意思，因为具有这种物质性是一个"物体"的鲜明的特性。我也不奢望有更好的办法，如以一张普通桌子为例，能把物质的本质说得更为明白。由此，我们便处于循环往复中。归根结底，如果你是一个普通人，一个常人，并不十分拘泥于科学的细节，那你就会相信，你懂得一张普通桌子的本质了。我甚至于听到过不少人说，假如科学家可以找到易于理解桌子的本质的术语，他们便能够更好地理解他们自身本质的奥秘。

第二张桌子是我的科学的桌子，它是我最近才认识的，所以还不太熟习。它不属于上面所提到的那个世界——只要我睁开眼睛,那个世界便在我周围自然地出现了。这里我先不考虑它有几分客观,又有几分主观,它是隐晦地把自身强加给我注意的世界的一个组成部分。而我的科学的桌子基本上是虚空的,在虚空中稀疏地散布着高速奔驰的许多电荷。但是这些电荷的体积总和也不及桌子自身体积的十亿分之一。虽然构造奇特,但这张桌子依然是一张完全有用的桌子。它支持着我的稿纸——如第一张桌子一样令人满意:因为当我把纸片放在它上面时,那些微细的带电粒子便以猛烈的速度在下边持续撞击,支撑着纸片像钟摆似地处于基本平稳状态。如果倚在这张桌子上面,我却还是不能够穿过它。或者严格准确地说,我科学的手臂穿过我的科学桌子的机会少之又少,在实际生活中可以忽略。来逐一考察桌子们的属性。如果作为普通用途,对这两张桌子确实没什么好选择的,但遇到特别的情形时,那我的科学的桌子便优势立显。假如屋子着了火,我的科学的桌子便自然地分解成科学的烟雾,而我所熟悉的第一张桌子,则会由于它的物质属性,将历经一个形变过程。这一物质属性,我只能将其称为奇迹。

在我的第二张桌子的周围,没有什么实在的东西,而差不多由完全空荡荡的空间所充满。按力场的观点而言,这一点是正确的,但这些力场不是"物质"的,而是属于"影响"范畴。即使在不是虚空的那一小部分里,我们也决不能将旧有的物质的概念移植过去。如果把物质分解成电荷,那么我们便离开始时提出物质概念的图景很远了。而物质概念的意义——如果有的话,就在这一过程中失掉了。现代科学观点的总体趋势是打破"物质""影响""形态"等等的界限,而代之以共同的背景。无论我们是研究一个实际的物体、一个磁场、一个几何图形,或研究一段时间,这些方面的科学信息均可总结为能够度量的量。既非测量器具,也非测量器具的使用方式,对这些信息提出任何本质上的差异。测量本身无以提供范畴分类的依据,我觉得有必要对这一度量建立某种背景——一个客观世界。

但这一客观世界的属性,除了它们已被测量所反映的以外,都不具备科学纯洁性。科学最终将对此秉持异议,将包含在这些测定之中的精密的知识,附到一个既不能给出与背景相关的确切的知识,却又将无关性引入知识体系的传统的概念陈列馆。

这里,我不打算特别强调电子的非实体性,因为在目前的思想领域,这基本上没有必要。假定它们是如你们所猜想的那样是实体的,那我的科学的桌子和日常的桌子之间就存在巨大的差异。我的科学的桌子处在大部分是虚空的地方,物质(如果有的话)星星点点地、稀疏地散布其间;我的日常概念上的桌子,则是我们所认为的具象的实体——一种对柏克莱(Berkley)式主观主义的具体的抗议。在我面前的纸片,或者置于一蝇群之上,纸片被位于其下的蝇群的一系列小的撞击维持着处于波动状态;或者因被其下方的物质支撑着,这些物质占据着空间而排除了其他物质。这些差异反映了本质上的区别。所有这些至少在概念上有差异,但是,对于我在纸片上书写的实际的工作,却没有分别。

一方面,我无须告诉你们,现代物理学通过精密的试验和严格的逻辑,使我确信我的第二张科学的桌子才实际上是那里唯一的桌子——无论"那里"位于何处。另一方面,我无须告诉你们,现代物理学也绝不会成功地驱除那张位于我的眼前可以看见、能够抓握感触的第一张桌子——一个外部的性质,心理想象和遗传偏见的奇异的混合物,我们必须暂时与它告别了,因为我们即将从熟悉的世界转到物理学所揭示的科学世界——一个或即将成为完全客观的世界。

"你自相矛盾地说着两个宇宙。它们实际上不是一个相同的世界的两个方面或两种解释吗?"是的,毫无疑问,在某种情形下,它们最终是相同的,但从物理学的客观世界转变到人类意识中很亲密熟知的世界的过程,是物理学范围之外的事,因此按照物理学方法研究的世界依然与意识所熟悉的世界相隔离,直至物理学家在它上面完成自己的工作。因此，我们暂且认为作为物理学家研究主题的桌子与所熟识的桌子是完全分开的，而不事先判断它们最终具有同一性这一问题。确实，整个科学的考察是以现实世界为起点，最终也必须返回现实世界，但是科学家所负责的那一段旅程，却是陌生领地。

直到最近，都存在这一个非常紧密的关联：物理学家以往常从现实世界借来他的物理世界的原料，但是他再也无须如此了。物理学家的原料是以太、电子、量子、势能、哈密尔顿（Hamilton）函数等等，目前他极为小心翼翼地保护这些原料不致被日常世界借来的概念所感染。日常的桌子与科学的桌子相对应，但却没有日常的电子、量子或者势能与科学的电子、量子或者势能相对应，我们甚而并不希冀构造一些这些物体的日常对应物，或者如我们经常说的来解释电子。在物理学家业已完成了他的世界的构造之后，关联和同一便成为可能，但试图过早进行关联已被证明是完全有害的。

科学的目的在于创造一个世界，能够将普通的经验符号化。所采用的每一个符号表示普通经验中的事物，或者表示用普通经验可以说明的某些事物，这完全是不必要的。街头人往往这样做，要求给出事物在科学里面的具体说明，但他必然会失望，这与我们学习阅读的经验相似。刊载于书本上的东西是实际生活中的事情符号，本书的所有目的，即是最终要读者把某种符号，譬如面包与日常生活的某种概念相对应。但是在字母被连缀成单词和单词连缀成句子之前，企图过早开展这种对应是有害的。符号 A 并不是日常生活中的任一事物的对应物。对于小孩子而言，A 字母似乎极其抽象，所以我们对字母 A 给予小孩一个其所熟识的概念："A 便是一个射青蛙的射手"，这冲淡了他当下的困难。但是小孩如果照着 Archers（射手）、Butchers（屠夫）、Captain（船长）并围绕着那些字母打转，那他的词语构造就不会有切实的进步，他早晚都会意识到字母是抽象的。在物理学上，我们早已走过用"射手"和"苹果派"来定义基本符号的时代了。对于如何解释电子到底应该是什么的发问,我们只有如此答复,"它是物理学最为基础(ABC)的一部分。"

由是观之,物理学的客观世界就成了一个影子世界。要消除我们的幻影,我们就要去除物质,因为实际上,我们知道,物质是我们幻影中最大的一个。稍后,或许我们会发问:是否在我们去除那些不真实的东西的热情中,我们会太过无情地大动干戈?也许,事实上,客观现实就是一个孩子,离开它的乳母的幻影便不能存活。但果真如此,那与科学家就关联不大。科学家有适当的和充足的理由在幻影世界里展开他的研究,并乐意把关于客观现实的确切形态的决定权留给哲学家。物理世界中,我们观察着日常生活剧目的皮影戏表演,我的肘部的影子停留在影子桌子上面,如同影子墨水流过影子纸张一样,所有这些都是符号,作为物理学家留下来的符号。其后,来了位炼金大师将符号进行了变换。稀疏散布着的电力核转变为可感触的实体,它们无休无止的搅动转变为夏日的酷热,以太振动的音阶转变为壮美的彩虹。炼金大师的转变绝不止步于此,在转变后的世界中产生了全新的意义,这些新意在符号的世界里几乎无迹可寻。如此一来,它转变成了一个美丽而有意图的世界,但也会有苦难和罪恶的世界。

有关物理科学是对影子世界的关注这一明确的认识,是最近发展的最为重要的事件之一。我的意思并不是说物理学家们在任何程度上都为这个哲学的隐喻所占据。从他们的观点而言,这与其是撤回一个不可靠的要求,毋宁是对于自洽发展自由的确认。在此,我不再坚持物理学世界的影子和符号的特性,原因在于它有哲学基础,而非在我所必须描述的科学理论中,远离所熟悉的概念将显而易见的原因。假若对这一远离无所准备,你们可能对现代科学的理论缺乏同情,甚至你们会认为它们是滑稽可笑的——我敢说许多人都是这样的。

教育我们自身把物理世界视为纯粹符号的世界是件困难的事。我们往往以符号重复或者与从意识的世界得到的不调和的概念相混淆。没有长时间的经验的修养，我们伸出手只抓着了影子，而不是接受影子的本质。确实，除非我们把自身完全限制于数学的符号主义，否则要想避免把我们的符号罩上诡诈的外衣是很难的。当我想到一个电子时，在我脑海里便升起一个坚硬、红色的微球。相似地，质子则显出中性的灰色球。自然，这些颜色是荒谬不堪的——或许并不比其余的概念更荒谬，但我依然坚持己见。我非常能理解，年轻的人们是要寻求这些十分具体的图景，要从如今已与人类预知的概念剥离的哈密尔顿函数和符号之中尽力创造出世界来，甚至不遵守传统的数学法则。至于我自己，要达到那种思想的高度还存在困难。但我相信这必然会到来。

在这些讲座中，我打算讨论某些物理世界最新研究的结果，这些结果给哲学思想提供了足够的食粮，这将包括科学上新的概念，也可以包括新的知识。在这两点上，我们被引导使用与 19 世纪末流行的、迥然不同的方法考察物质世界。我不会把吉尔福德讲义的最终目的，即这些纯粹的物理发现与我们人类自然的、更广泛的方面和利益相关联的问题，置之不理。这些关系必须历经改变，因为我们关于物理世界的整个概念都发生了急剧的改变。我相信，如同今日被深刻理解的物理世界的恰当的评价，抱持虚怀若谷的感情，能够面向一代人之前还被认为不具逻辑性的、跨越性科学测定的广泛意义。而在后面的讲义中，我将尝试集中关注那种感情，加倍努力去发现它将去往何方。但是，如果我不坚持它的研究本身就是一个目的的话，那我就是不忠实于科学了。科学之途必然因其自身而追求科学，而不必注意它可以提供更好的风光。以这种科学精神，我们不得不沿着科学之途，无论它引导我们到达风光之巅，抑或晦暗隧洞。所以，当我的讲座课程结束时，你们也必将乐意同我一道走科学之途，而不是苛责我在路旁野花中逗留，这便是我们之间的互相理解。我们就此进入课程。

第一章
古典物理学之坍塌

原子的结构

1905年至1908年之间,爱因斯坦和闵可夫斯基将一个根本的变革引入我们的时间与空间的观念。1911年,卢瑟福在我们的物质概念里引入了自德谟克利特以来最为巨大的变革。奇怪的是,对这两种变革的接纳完全不同。时间和空间的新观念,在各方面都被看成是革命性的:有人以极大的热忱来欢迎它们,其他一些人则拼命地反对。物质的新概念则遵循科学发现的一般经验:它逐渐证实它的价值。当证据被完全确认后,它便迅速地取代以前的学说,学术界没有感受到大的冲击。但是现在,当我听到现代科学对布尔什维克主义的抗议和对旧秩序的哀怨时,我便不由得想到,卢瑟福而非爱因斯坦才是真正的始作俑者。当我们把我们现在假定的宇宙与我们通常所预想的宇宙相比较时,最为显著的变革并不是爱因斯坦的时间和空间的再认识,而是把我们所认为的一切实体使之崩解,解离成飘荡在虚空里面的细点了。对于那些认为事物多少是如它们所显现给我们的人而言,这是一个突如其来的震动。近代物理学所揭示的原子内的虚空,比天文学所揭示的星际空间巨大的真空更令人震撼。

原子之疏松一如太阳系。假使我们消除人体中所有未被填充的空间,而把他的质子和电子聚结成为一个整体,那么人便要缩小到只有用放大镜才看得到的细点了。

这种物质的稀松性在原子理论中不曾预示过,确切地说,业已知道和空气相似的气体里,原子之间远远分开,留出大量空洞的空间。但这也只是预测,具有空气特性的东西在其中才会只有相当少量的物质,而"空无所有"(airy nothing)通常都用来表示没有物质存在。在固体中,原子被紧密压缩接触,所以旧原子理论同我们的预想相一致,把固体物体看成大部分是无多大空隙的实体。

发端于19世纪末的物质的电工理论起初也没有改变这一认识,虽知道阴电是很小容积内集中的单位电荷,但是物质的其他要素,即阳电,可比照原子同样大小绘制成胶质圆球,在里面还包含有细微的阴电荷,所以在一个固体里面的空间大部分是充实的。

但是,在1911年卢瑟福表明阳电也是要集中成细微的小点的,他的少量实验证明原子能够施加巨大的电场力。除非阳电荷作为一个高度集中的引力源,否则这种力是不可能的,它必须包括在与原子大小相较还要细小的多的核里面。因此,第一次,原子的主体就完全成为真空了,原子的"太阳系"模型代替了实际的"棒球"模型。两年后,尼尔斯·玻尔基于卢瑟福的原子理论而发展了他的著名的理论。此后原子理论更是突飞猛进。未来无论原子的观念有多大变化,但要再回到旧的实体原子理论是不可想象的。

现在所接受的结论是：一切物质，最终都是由两种基本要素—质子和电子构成的。

从电性上看，质子和电子电性互斥，因为质子是一个阳电荷，而电子则是一个阴电荷。但在其他方面，它们的属性又差异巨大。质子质量是电子的1840倍，所以物质的绝大部分质量都是基于构成物质要素的质子。除了在氢气里面，找不出纯净的质子。氢气似乎是物质最原始的形态，氢原子包括一个质子和一个电子。其它物质原子里面，多个质子和较少的电子结合在一起构成原子核。达到电性平衡要求的电子像原子核的遥远的卫星一样散布着，这些电子甚至能够从原子逃逸而自由地穿过物质漂荡。一个电子的直径差不多为一个原子的直径的5万分之一，原子核的直径也大不了几多，一个孤立的质子据信还要小得多。

30年前，在以太拖曳（aether－drag）问题上有过许多争论，即绕太阳运动的地球是否拖曳着以太一道行走。当时，原子的实体性是不成问题的，很难相信物质能够从以太中费力通过而不搅乱它。实验结果发现没有出现以太的对流，这是令人惊奇而困惑不解的事。但是我们现在证实，以太能够滑过原子，一如能滑过太阳系一样的容易，而我们的预想却全然指向别的方向。

在稍后几章我们会再回到"太阳系"的原子，现在我们所关注的是两件事情：一是原子是极端空虚的；二是它是由电荷构成的。

卢瑟福的原子核理论常常不被看作本世纪的一个科学革命，它是一个非常远大的发现，但却是一个落在物理学的古典体系里面的发现。这一发现的本质和意义能够用平常的名词来表示，即可以用科学上早已流行的概念来说明。"革命性"的称号通常留给了两个近代伟大的进步——相对论和量子理论，这两个理论不但是有关世界内容的新发现，它们还包括了我们如何思考世界的变革。它们不能用平常的字眼表示,原因在于我们首先不得不掌握那些在旧的物理学体系中都不曾梦想过的新概念。

我并不确定"古典物理学"这一说法有严格定义,但是普遍的观点是:牛顿在《原理》中所发展的自然规律的理论框架,为后世的理论发展提供了一个希望遵从的范式。在这一框架的四个角之内,出现认识极大变革是可能的:光波说代替了粒子说,热从物质变成了动能,电从连续的流体变成以太形变的核。但是这在原系统的弹性范围中得到认可。波动、动能与形变在原系统中早已有各自的位置,将同样的概念用于说明更为广泛的现象是对牛顿原始观点的普适性的一个贡献。

现在我们来看古典物理学系统是如何坍塌的。

菲茨杰拉德收缩

我们最好从下面的事实开始:假定你有一根以极高速运动的木棒,开始时木棒指向与其运动方向垂直。现在把它转个直角,这样木棒的就指向运动方向了,木棒便会收缩,木棒沿着运动方向的长度比横过运动方向时要短些。

这个收缩,便是著名的菲茨杰拉德收缩,在所有通常的情形下是极其微小的。这一收缩完全与棒的材料无关,而仅仅与其速度有关。例如,如果速度达到 30577.536 米/秒——地球绕日的速度——那么长度的收缩便达到二亿分之一,或者说地球直径收缩了 0.0635 米。

这已由各种不同的大量实验所证实。最早也最闻名的实验是首次由迈克尔逊·莫雷于 1887 年所做的实验,该实验由莫雷和密勒在 1905 年更准确地重复过,在最近一两年中又有多个研究者开展了重复实验。我不打算再叙述这些实验了,它们只是说明如何便利地给你的木棒以一大的速度的方法,就是把它放到高速围绕太阳运动的地球上来。在此我也不想讨论这些实验所提供的证据是怎样的完备,更重要的是,你们应该认识到,这一收缩确实能够从我们目前有关实体木棒的知识中预测出来。

你们也许要诧异,一根运动着的木棒仅仅由于其指向不同而能够改变尺寸,你们或者以为其大小并未改变。但诸君所想的是哪根木棒呢?请试着回忆我的两张桌子吧。假使你想到连续的物质,出于它是占据空间的物质的性质之故而在空间里延伸,那么看来其尺寸的变化好像没有说得通的理由,但是科学的木棒是一群高速冲撞而又山水相隔的带电粒子,令人惊异的是,这群带电粒子似乎倾向于保持任意有限尺度。但是,因为微粒子保持着一定的平均间隔,因而整个的体积实际上还是保持稳定。它们相互间施加电场力,它们所充满的体积依赖于它们之间的吸引力和它们的无规则运动驱使它们远离的力之间的平衡。当木棒发生运动时,这些电场力也会变化。运动中的电力由电流构成,而电流会产生一个与静止电场所产生的力之不同形式的力,即磁力。进而,电荷运动所产生的力沿着运动方向和横跨着运动方向,强度自然不同。

将木棒与包含其内的所有细微的电荷置于运动状态,我们便在粒子之间引入了新的磁力。显然,原来的平衡被颠覆了,粒子间的平均间隔必然会发生改变直至达成新的平衡,因此粒子群的延伸——棒的长度改变了。

关于菲茨杰拉德收缩,实在没什么神秘。在旧方法里面,由于木棒的实体性被描画成占据空间的连续的物质,这种收缩是木棒的非自然的性质。但是,对于由电磁力保持微妙的平衡且把任何想钻进来的东西都赶开而占据着空间的一群粒子的棒,这种收缩则是一个完全自然的性质。或者可以这样去看它:你们期望木棒保持着它的原来长度,自然要预先假定木棒受到公平的对待而没有受到任何新的压力,但是处于运动中的木棒则要受一个新的磁力的作用,这种磁力并非来自不当的外部干涉,而是其自身的电结构改变的必然结果,在这个力的作用下收缩出现了。或者你们会认为,如果木棒足够坚硬,它或许便能够抵抗这一压力,非也!菲茨杰拉德收缩对于钢棍与橡皮棍都是相同的:硬度与压力与其结构关联在一起,即如果一方增大了,而其他一个也同样增大。必须从我们的头脑中抛弃这一观念,即木棒不能保持一个固定的长度是由于木棒的缺陷。仅当同一个想象的没有这种电结构因而完全不是物质的"某种东西"相比较,它才是一种"缺陷"。菲茨杰拉德收缩不是一个缺陷,而是物质的固有属性,如同惯性一样。

在此,我们从物质的电结构得到一个定性的推论,应把有关的计算交给数学家得到定量的影响。这一问题大约在1900年就为洛伦兹和拉摩尔解决了,他们计算了因电荷运动的变化而产生的新的力破坏平衡之后,重新恢复平衡所要求的粒子之间平均间隔的变化。计算结果给出了精确的菲茨杰拉德收缩的量值,即上述实验中推断得到的量,由此,我们两条腿都稳稳地站住了。有些人因为它们具备良好的实验结果而认为结果可靠,其他的人则由于菲茨杰拉德收缩是自麦克斯韦之后所普遍接受的电磁理论体系的必然结果这一认识而更容易说服。实验与理论两者有时都会走错路,所以二者都需要。

收缩的结果

虽然尚未完全引导大家转到相对论,然而单是这个结果,也应使大家对于古典物理学感觉不安了。当物理学家打算测量一个长度时——如果不测量这个长度他的实验就不能更进一步:他取一把测量尺,并把它转到需要的方向。在他这样做的时候,虽然用了各种预防方法,测量尺的长度都会改变—这样的事从未发生;但是除非地球偶然静止,变化就必定发生。测量尺恒定是一个基石,物理学的全部都是建立在这一基石上的。然而那个基石已经破碎了。大家可以想象,这种假定对物理学家的背叛还不是多么严重,长度变化不会很厉害,或者他们也应注意到。让我们拭目以待。

让我们考察某些菲茨杰拉德收缩的结果。首先来看一个幻想的例子。想象你们是在一个快速运动的星球上,例如运动速度为 161000 英里/秒的星球上。该速度下收缩达到二分之一。任何固体,当其从横过运动的方向转到运动方向时,都收缩其原长度的一半。两城间的地面旅行,在正午是 100 英里,到了下午 6 点钟当星球回转一个直角时,就缩短成了 50 英里。其居民恰似奇境中的爱丽丝,城市间的距离伸缩有如一架望远镜。

我不知道运行速度为 161000 英里/秒的星球,但是我能指出空间中离我们很远每秒运行 1000 英里的螺旋状的星云。星云可能包括一个星球,而且(说的不太专业)如果我把一些智慧生物安置其上,希望我的话没有太过冒犯。每秒钟 1000 英里速度下的收缩对日常事务而言无足挂齿,但是对科学测量或者工程精度而言,这一收缩就必须考虑了。物理学上最基本的一个做法就是用可在任何方向运动的尺子来测量长度。想象一下这颗星球上的物理学家,当他们知道他们假定测量尺长度恒定是一个错误时,他们将会怎样的错愕!回看曾经做过的一切实验,采用不同时刻下测量尺的方位加以修正,然后重新考察根据修正过的数据所导出的物理学定律的推论和体系,将是一件何等艰难的事!我们自己的物理学家们应该感谢的是,他们不是身处在那个奔驰的星云上,而是在如像地球一样的一个徐徐运动的星球上面!

但请稍等,我们确定我们处在徐徐运动的星球么?我能够想象那星云上的天文学家们,他们正观察着遥远空间一个意义不大的星球,这个星球伴随着一个也没有多大意义的名为"地球"的星球,他们观察到地球也是以1000英里/秒的巨大速度运动着。这是因为,如果我们看到他们以每秒1000英里的速度远离我们,于他们而言,我们也是以每秒1000英里的速度远离他们。那个星云上的物理学家惊讶道:"每秒钟1000英里!地球上的可怜的物理学家是多么不幸!菲茨杰拉德收缩要全面考虑的,他们所有尺子的测量都是非常错误的。假使他们忽视了这一修正的话,那他们要推论出怎样奇异的自然规律的体系!"

没有办法来判断孰是孰非——我们双方所观察到的1000英里/秒的相对速度到底该归属何方。在天文学上说来,地球是其一员的银河看来并不比星云更为重要、更位居中心。我们更为接近静止状态的假定并没有什么严肃的根据,不过是自我夸耀而已。

"但是",你们要说,"如果这些长度有意义的变化在地球上出现的话,我们应该能用我们的测量手段探测到的。"这使我找到兴奋点了。我们不能够用任何测量手段探测到它们,它们的出现乃至消逝都是完全留意不到的。让我尝试说明这是如何发生的。

我们可以说这间屋子是以每秒161000英里的速度垂直向上运动,那是我的说法,你们可以证明那是错误的。我把手臂从水平方向转到垂直方向,那它的长度就缩短为原来的一半了。你们不相信我吧?那么拿一把码尺来测量吧。开始时沿地平线,测量的结果是30英寸;现在在垂直方向测量,结果是15英寸。你们不得不承认,当码尺转向垂直方向时,比例尺的1英寸缩短成半寸的事实。

"但是我们能够看见,你的手臂并未变短。我们还能相信自己的眼睛吗?"

当然不。除非你们记得早晨起来时,你的视网膜把它在垂直方向时的原本的大小缩短到一半的事情,你们才不能相信你们的眼睛。结果就是现在你们把垂直距离放大到水平距离的两倍。

你们反驳:"很好,我就不起床了。我就躺在床上,看着你在一座倾斜的镜子里面你做的动作好了。那么我的视网膜是完全正确的,但是我知道还是看不见收缩。"

但是一个运动着的镜子是不能给一个正在发生的事物不扭曲的映像的,光的反射角由于镜子的运动而改变,正如棒球的反射角,如果垫子在运动,也要被改变一样。假使你们依据光学的通常规律,求出速度以 161000 英里/秒运动的一面镜子的效果,你将发现它引出一个恰如把我的手臂的收缩隐藏一样的扭曲。

所设计的每一个试验结果都相同,你们不能够反驳我的说法,当然,我也不能证明它。同样地,我也可以选择和申辩任何其他的速度。乍看起来这好像与我先前告诉你们的——即迈克尔逊·莫雷和其他的实验曾经证明和测量过的收缩相冲突,但确实没有什么矛盾。它们都是一些徒然无益的实验,正如你在一面倾斜的镜子里面看我的手臂的实验是一个徒然无用的实验一样。对地球运动的某些光学或者电学的结果的探求,如同运动的镜子所产生的映像的扭曲一样,除非收缩发生了且恰巧补足正确的收缩量时,才能观察到这些扭曲;而并未被观察到这些扭曲,系因收缩补足确实发生了,二者必居其一。地球在空间中运行的速度可能碰巧为零。间隔 6 个月后又重复进行了实验,因为地球的运动在这两种情形下不可能都是零,所以这种可能性被排除了,由此说明收缩存在,也证实了收缩对速度的依存规律。但是由于地球的真实速度(与太阳有关的轨道速度不同的速度)未知,因此在任一情形下,实际的收缩量也是未知的。它之所以依然未知,是因为我们希望用来测量收缩的光学和电学的影响往往为收缩所补足的缘故。

我说过,测量尺不变性是一个基石,在这基石上面建筑着物理学的所有建筑物。建筑物也需要辅助的支撑,因为光学和电学设备常常用来代替确定长度和距离的实际的尺子。但我们发现所有这些都是互相勾连而不是彼此分离的,所以基石崩塌了,同时所有其他的支撑也就倾倒了。

空间的结构

我们现在回到星云物理学家和我们的物理学家之间的争论。我们中的一方以非常大的速度运动,有关的科学测量由于测量尺的收缩而受到严重的影响,因此双方都想当然地认为另外一方在犯错误。我们不能求助实验以求解决争论,原因在于每一次实验中以上的错误又引出恰恰互相补偿的两个错误来。

这是一种奇异的错误,常常同它自己一道携带着对自己的补偿。但是要记住,补偿仅适用于实际所观察到的,或者有可能观察到的现象。补偿并不适用于我们演绎的中间部分——由观察而来的推理体系,这些观察构成了宇宙的静电物理理论。

假设我们和星云上的物理学家来考察世界,即是说我们把周围的物体在空间中的位置进行了各自分配。其中一方如星云上的物理学家,具有大的运动速度,他们的码尺将会收缩。当他们沿特定方向测量距离时,码尺将缩短,变成不到一码,结果,他们计算那个方向上的距离时就会特别大。无论他们用码尺也好,用经纬仪也好,或者凭目视来断定距离也好,均是如此。所有的测量方法都必须一致,如果运动引起任何的差异,我们便能够通过观察差异的大小来决定运动。但是,正如我们先前看见的,理论和观察两方面都表明存在完全的补偿。如果星云物理学家想构造一个正方形,那他们便要造出一个长方形,还没有实验启示他们那不是正方形。他们能够达到的最大的进步是,承认在另外一个世界里有些这样的人:把那是一个长方形的观念放进他们的脑子里。他们可能有足够宽广的心胸承认,尽管这个见解似乎很荒谬,但实际上与他们自己的见解一样是能够申辩清楚的。显然,他们的空间的全部概念与我们的比较起来是扭曲的,而我们的空间的全部概念与他们的比较起来也是扭曲的。我们所关注的是同一宇宙,但是是放在不同的空间里。有关他们或者我们以每秒1000英里①/秒的速度运动这一个初始的争论,却在我们中间挖下一道深深的鸿沟,乃至我们都不能够使用同一个空间。

时间和空间字眼传达出不止一种意义,空间是一个空虚的真无,或者它是许多时②、英亩③和品脱④。时间是一道永不停息的河流,或者它是无线电传送给我们的某些东西。模糊概念对物理学家毫无用处,他常常又有这些概念,殊为可惜!但他不能真正利用它们。因此他一说到空间时,往往是他心目中的时或品脱。就这个观点而言,我们的空间和星云物理学家的空间的不同是如何计算时和品脱上的不同。为了避免可能的误解,或许说我们有不同的空间体系——不同的体系,我指的是物体的位置——要好得多。然而不要把空间体系当成有意人为的某种东西:在我们最初感觉到空间时,空间体系就进入了我们的心里。来考察一个例子,当菲茨杰拉德收缩达到一半时的极端的情形。如果一个人把一个2吋×1吋的长方形看作正方形,很显然,空间一定以某种与我们所理解的完全不同的方式开启了他的智慧之门。

一个观察者所使用的空间体系仅依赖于他的运动。对具有相同速度(即相对速度为零)的不同星球上的观察者,关于宇宙中物体的位置是一致的,但对具有不同速度的星球上的观察者则有位置不同的体系。你们可能要问,如何确信这些想象的人类解释他们的观察的方法?如果这种反驳是强迫性的话,我本人就不再申辩了。但是那些不喜欢我

---

①英里:英美制长度单位,1英里合1.6093千米。
②英寸:英美制长度单位,1英寸合2.54厘米。
③英亩:英美制面积单位,1英亩合6.0720亩。
④品脱:英制容量单位,1品脱合0.5682升。

所想象出的人类的人，必须面对与这种争论有关的数学符号的问题。我们的目的，是以便于理解的形式来表述一些结果，这些结果既有地面试验，也有关于运动对电学、光学及测量现象影响的计算结果。在这个主题上已开展了大量仔细的研究，所以科学已达到了阐明以高速运动的仪器测量所得结果的高度，不管是工业仪器抑或例如人类的视网膜。只在一个方面我把星云观察者不单单看作一件记录仪器。我假定他也具有人性的共同缺陷，即他想当然地认为上帝创造宇宙时，首先把他的星球放在心里。因此他（恐怕我的读者也是一样），不愿意严肃地考虑那些被误导以相对于他的教区每秒1000英里/秒的速度移动的人，有关位置的观点。

一个非常谦逊的观察者，可能采用他自己星球以外的其他星球作为静止的标准，于是，由于他自身相对于静止系的运动，他就不得不对他所有的测量进行菲茨杰拉德收缩修正。而修正过的测量结果将属于标准星球的空间体系，原来的测量结果则属于他自己星球的空间体系。他被逼迫得更是进退两难了，因为没有什么能够引导他选择作为静止标准的星球。如果他一旦舍弃了他自己的体系是唯一一个正确的体系这个朴素的假设，那么一个疑问随之而来：无数其他的体系中哪一个是正确的呢？没有答复，而且在我们所知的范围内，要给出解答是完全不可能的。同时，他的一切试验测定，由于所要采用的修正依赖于这个答复，也都悬而未决，恐怕我们的谦逊的观察者宁愿被那些不太谦让的同行拉在后面。

我们所遇到的难题，并不是在我们的物理体系中所采用的位置体系里发现了任何必然的错误，它并不会导致实验的矛盾。唯一可说是"错误"的东西，在于它并非独一无二。如果我们发现我们的体系不令人满意，而其他的体系要更好，那还是不能引起思想的巨大革命。但是发现我们的体系只是众多体系之一，而所有的体系都同样令人满意，这将引起关于位置体系意义解释的巨大变化。

常识的诘难

在未深入之前,我必须答复以常识的名义诘难的批评者。空间——他的空间——于他而言是非常生动的:"这个物体显然是在这里,而那个物体就在那里—我知道这一点。无论关于测量木棒收缩的科学暧昧主义如何强大,我也决不动摇。"

我们一些关于空间的位置的预想观念,是从祖先类人猿传下来的,它们深深地植根于我们的思维方式之中,因此要公正地批评它们极为困难,也要认识到它们立足的基础并不很稳固。我们通常假定,围绕着我们的每一个物体在空间都有一个确定的位置,而那位置我又能正确地感知,我所研究的物体实际上是存在于我"感知"它们在那里的那个位置;如果一个(在其他星球上的)观察者以测量尺等仔细探查我的屋子,而得出物体的位置不同,他不过是重复一句科学的矛盾而已,但不足以动摇任何具备常识的人所明白的位置的真正事实,这种态度轻慢地驳斥了"我如何感知位置"的疑问。假使位置是由非常周密的科学测量确定的,那么我们早已准备好指出那些仪器在各种场合都被错误使用了;但如果有关位置的知识是不那么周密地获得的,假使它是不求自来地进入我们的脑子里,那么很显然,它是真实的;而要怀疑它,恰恰是公然违背常识!我们有一种印象(虽然我们不愿意承认),即心灵伸出一个触角到空间中去直接确定每一个熟悉物体的位置。那是无稽之谈:我们关于位置的常识的知识不是由此得来的。严格说来,这是感觉知识,而非常识知识。它部分来自于触觉和移动,比如这个那个手臂够得着的或者在几步开外。在这种方法和运用测量尺的科学测量法之间是否存在任何根本的差异(除了方法的粗糙不同以外)? 它部分得自于视觉——采用经纬仪的科学测量法是一个粗疏的选择。我们关于事物所在的普通知识,并不是一个绝对权威的神奇的启示,而是由与科学测量同样的观察中导出的,只不过比那些科学测量粗糙一些。在其精度范围内,我直觉"感知"的物体位置的体系,与我的科学位置的体系或者空间体系是同样的。

当我们使用一架精密制造的望远镜片和感光板代替我们眼睛的晶状体和视网膜时,增加了观察的精度而没有改变我们空间探测方法的特点。通过精密度增加,我们能够"感知"我们的类人猿祖先在创设并传给我们的常识观念时所不知道的空间的一些特性。只要他的运动不发生重大变化(每秒几英里的速度不会产生观察到的差异),他的位置体系就会协调工作。但是一个大的变化包括一个不同位置体系的转变,这个体系虽然与原来的体系难以协调,但其自身确是自协调的。既然有如此众多的位置体系或者空间体系,我们无以再假设它们每一个都指示出"事物恰在所在的地方"。位置不是心中超自然启示的某种东西,它是调节物体的某种视觉和触觉的性质或关系的常规总结。

这是否表明空间里的"正确"位置不如其在牛顿派学者的事物体系中显得那样重要和根本呢?不同的观察者见仁见智,只要不导致不良后果即可。

假定位置——我不愿说,完全是一个神话,也并非其在古典物理学里显示的那么确定,牛顿学派的位置观念里既有真理也有糟粕。而我们的观察者所争执的不在真理而是糟粕,这就可以解释许多事情,例如,可以解释为何自然界所有的力似乎合谋防止我们去发现任何物体的确切位置(在"正确"的空间体系里的位置)。自然,如果物体并不存在的话,则这些力也是不能揭示它的。

小结

在下一章还将继续这种思想,同时让我们回头看一眼将我们引到目前境地的论争吧。论争始于我们极其相信的测量尺的失败,这一失败我们能够从强力的实验证据推断得到或者更简单地作为承认物质电场理论的必然结果。这种不可预知的行为是所有物质的固有属性,甚至也为光学和电学测量器具所共享,因此它并不会被应用通常的测量方法时的任何差异所泄露。当我们改变测量仪器的标准运动,亦即我们把陆地上的观察者所测量的长度和距离与由以不同速度运动的星球上的观察者所测量的长度和距离相比较时,将表现出差异。我们暂且把包含这种差异的测量长度称为"虚假长度"。

按照牛顿学派的体系,长度是确定的和独一无二的,而每一个观察者都应当对他的虚假长度加以(依赖于自身运动的)修正,还原得到独一无二的牛顿体系长度。但对于这点有多方面的反驳,还原到牛顿体系长度的修正是不确定的。我们知道,把我们自己的虚假长度还原为一个以任何其他规定运动的观察者所测量的长度所必要的修正,但是并没有标准来断定哪一种系统是在牛顿体系中应用的。此外,现今的物理学全部都是修筑在陆地观察者未加以修正而测量的长度,因此那些判断表面上是指牛顿体系长度,但被证明,实为虚假长度。

就导致古典物理学的全部建筑坍塌而言,菲茨杰拉德收缩好像是一件很小的事,但确实是少数几件对于我们科学知识的实验贡献。而如果我们的长度测量方法根本上不可靠的话,这些科学知识将不会得到验证。我们现在发现,难以确保那些测量方法不存在系统错误。更糟糕的是,我们并不知道这些错误是否发生,我们有充分的理由假定那是不可能知道的。

第二章
相对论

爱因斯坦的原理

在第一章提到的最谦逊的观察者,碰到了要在许多空间体系中选择的问题而没有任何的指导。在确定包括观察者自身的世界物体的意义方面,它们是不同的。但是另外一点上,即它们在这个空间中构成的世界,与另外一个空间内构成的世界,精确地依据同样法则运行,它们又是没有区别的。由于身处一个特殊的星球上的偶然的缘故,我们的观察者因此就轻率地采用了许多体系中的一个。但是他知道,并没有根据就坚持确定它便是必然正确的体系,那么,哪个是正确的体系呢?

对此,爱因斯坦给出一个建议:"你们正在寻找你们所谓正确的空间体系,但是它的正确性到底在什么方面呢?"

你们手持一根标签,站在完全相似的一堆包裹前面,你有些困扰,因为没有什么能帮助你决定把标签贴到哪一个包裹上去。观察一下标签,看看上面写的什么,什么也没写。

要用于空间体系的"正确"的东西,是一个空白标签,它暗含着区别正确体系和错误体系的某种东西。但当我们一诘问区别的性质是什么时,我们得到的唯一答复是"正确性",这并未搞清其意义,或者也并未使我们相信其有意义。

我准备承认,尽管空间体系目前互相类似,但在将来能变得不会完全没有差别。(我想那样的事未必就有,但我也不能排除)。未来的物理学家或许发现,比如属于阿克丘鲁斯①的空间体系是独一无二的,有关它的一些性质在科学上仍然一无所知。因此毫无疑问,我们那位手持标签的朋友会急急忙忙地把标签贴到大角星上去。"我是这样告诉你的。当我谈及一个正确的空间体系时,我知道我意指某种东西"。但是,对于我们的后人寻找一个富于意义的空间体系万一的机会群起发声,这看来不是有益的举动。对于那些耽于正确的空间体系的人,我们引用波汤姆的话来答复:

"谁愿把他的智慧用在如此愚蠢的一只鸟呢?虽然它布谷布谷地叫着,然而谁又会责怪这只小鸟的谎言呢?"②

因此,爱因斯坦学说的地位就在于有关独一无二的正确的空间体系的问题不存在。地球上的观察者有一个相对的空间体系,星云上的观察者有另外的相对体系,其他的星球又有其他的相对体系。空间体系是相对的,距离、长度、体积——所有属于空间体系的空间的计算量,都是相对的。一个在这个星球上的观察者所测量的距离,与在另一星球上的一个观察者所测量的距离都同样是对的,我们不必期望它们一致。一个距离相对于一个空间体系,另一个距离相对于另一个空间体

---

① 大角星,牧夫座中最明亮的恒星。——译者注
② 织布者尼克·波汤姆,是莎士比亚著名戏剧《仲夏夜之梦》中的人物。布谷鸟叫着"布谷,布谷"之时,英吉利古昔相传是嘲笑一个男子对其妻的不忠实。——译者注

系。不与特定空间体系对应的绝对距离是毫无无意义的。

要注意的是,其他的物理量也与空间体系相关,因此它们也是相对的。你们可能看到过表示物理量"尺度"(dimensions)的一张表,物理量都是如何与长度、时间和体积的计算相关联的。如果你们改变了长度的计算,其他物理量的计算也随之改变。

考察地球上静止着的一个带电体,由于电荷静止,所以它产生电场,而不产生磁场。但在星云上的物理学家看来,它是以每秒钟运动1000英里的一个带电体。一个运动的电荷产生一个电流,根据电磁学的定律,电流产生磁场。相同的物体如何既产生又不产生磁场?在古典物理学里不得不把这些结果解释成一个幻影(要那样做,是没有困难的,困难的是没有办法表示两个结果中的哪一个是幻影。)在相对论上两个结果都接受,磁场是相对的,相对于地球空间体系是没有磁场,相对于星云空间体系磁场是存在的。星云物理学家确实用他的仪器测得了磁场,而我们的仪器却显示不出磁场,那是由于他使用在他的星球上静止的仪器,而我们使用的是在我们的星球上静止的仪器。或者至少,我们都要根据我们各自空间体系内静止的仪器的示数来修正我们的观测。

那么究竟是否存在磁场?这是一个与先前正方形和长方形问题相似的问题。相对于这个星球有一个磁场的定义,对于其他的星球也有磁场的定义,但不存在绝对的定义。

要说所有的物理量都是相对空间体系的也不完全正确,我们能够通过用乘法、除法等构造新的物理量,我们把质量和速度相乘就得到动量,以时间除能量就得到功率。按照这种方法,我们能够为我们自己构造不变物理量,也即无论在何种空间体系,都能得到同样的测定结果。这些不变量中的一个或两个在相对论出现以前的物理学里面已经得到了,即众所周知的"作用"和"熵"。相对论物理学特别关注不变量,并发现和命名了几个不变量。一个常见的错误是，假定爱因斯坦的相对论确定所有事物都是相对的，实际上它是这样说的："世界上有绝对的事物，不过你必得深切地去考察它们。首先引起我们注意的事物，绝大部分都是相对的。"

相对量与绝对量

我尝试把相对量和绝对量的区别弄清楚。（整）数是绝对的，它是计算的结果，计算就是一种绝对的操作。假如两个人计算这屋子里的人数而得到不同的结果，那么两人中必有一个是错误的。

距离的测量便不是一种绝对的运算了，两个人测量同一距离而得到不同的结果，这是可能的，而两个人都没有错误。

我在黑板上画两个点，要两个学生很精确地测量这两点之间的距离。为避免对我所说的距离的可能的歧义，我向他们详尽地说明了所采用的测量标准，以及获得距离的精确测量所需要注意的方面，他们给我报告了多个不同的结果。我叫他们把记录进行比较，找出其中哪个是错误的，为什么错误？他们马上转回来说："这是你的错误，因为一方面你的说明不明确，你并不曾提到在使用时尺子要如何运动。"其中一个学生没有考虑到这个问题让比例尺静止在地球上，另一个学生想到了教授认为地球是微不足道的星球，他认为选择某个更重要的物体来规定测量尺的运动是唯一合理的，因此他让测量尺与庞大的白特基斯（Betelgeuse）星球的运动相一致。自然，测量尺的菲茨杰拉德收缩是测量结果差异的原因。

我无意接受这个理由，我郑重地说："地球或白特基斯星球或者任何其他物体内的引力都是毫无意义的，对于这个问题你们并不需要任何外部的标准。我叫你们测量黑板上两点之间的距离，你们就应该使测量尺的运动与黑板的运动一致。切记,让你们的测量尺与你们要测量的物体的运动一致,这是一个常识。以后要谨记。"

几天以后我要求他们测量钠光的波长——光波两个波峰之间的距离。他们测量了并一致回答:"波长是无限的"。我向他们指出,这与书里面所写的结果(0.000059cm)不一致。他们回答说,"是的,我们注意到了,但书本上的那人测得不正确。你一直叫我们把测量尺与被测量的物体共同运动,所以我们费尽周折才在实验室里使得尺子能以光速行进。"在这样的速度上,菲茨杰拉德收缩是无限的,米尺收缩为零,因此要填补光波波峰之间的距离就需要无数的米尺了。

我的附加规则在某种意义上倒是一个很好的规则:它常常要给出某种绝对的东西——那些必须是一致的某种东西,唯一不幸的是不能给出长度和距离。当我们提问距离是否绝对或相对时,我们绝不能首先在心里想定它该是绝对的,然后又为了这个原因而改变通行的术语的意义来符合它。

我们也不能因为前人在把距离应用在绝对而又清晰的空间测量结果时,他们愚蠢地用"距离"一词表示某种相对的东西而完全谴责他们。所提出的附加规则有一个缺点,我们常常不得不考察包含许多运动速度不同的物体的系统。要用处于不同运动状态的仪器测量每一个物体很不方便,把种种测定结果整合起来则是一件极度混乱的事。我们的先辈极具智慧地把所有的距离附加到一个参考空间体系,即便他们有关这些距离应该是绝对的预测并不成功。

至于所提到的附加规则所规定的绝对量,我们把它们放到相对地球的距离和相对白特基斯星球距离的旁边,作为具有研究兴趣的物理量,这就叫"适当距离"。或许你们对于抓住了某个绝对的东西而感到如释重负并且希望追踪它,好极了!但是要记得,这将引导你偏离了以选择相对距离而构筑其上的古典物理学体系,对绝对量的探求把我们引到四维世界。

一个更熟悉的相对量的例子是物体的"方向"。剑桥相对爱丁堡有方向，相对伦敦又有另外的方向等等。于我们而言这从来不称为差别，或者假定必有某种绝对的（现在还未发现的）剑桥的方向。在两点之间应该有一个绝对距离的观念，也包含着同样的谬误。自然，二者之间存在细节上的差异，上面所说的相对方向是相对于观察者的具体位置的，而相对距离则是相对于观察者的具体速度而言的。我们能够自由地改变位置，因此能够得到相对方向的巨大改变。但是我们不能可观地改变速度——即便我们最快的仪器可以获得的每小时 300 英里的速度，也是无足轻重的。结果，对通常的体验而言，距离的相对性不像方向的相对性那样重要，那就是为什么我们不幸地在脑海里深深地刻有一个距离必然是绝对的印象。

相对量的一个很容易的说明是英镑所提供的，无论正确的理论观点是什么，但是直到最近，各色人等都把一英镑视为一个绝对的财富。但可怕的经验使我们确信了英镑的相对性。最初我们常常拘泥于这样的观念，即应该有一个绝对的英镑。因此我们就采用了似是而非的说明——"英镑实际上变成了七又六便士"来表达这种情形所苦。但是我们渐渐对此熟悉了，而且继续如前一样以英镑计算财富。因为我们认识到英镑是相对的，所以并不期望它具有在它是绝对的观念下那些我们所赋予它的性质。

如果把爱因斯坦的相对性原理之前及其后的物理学图景的根本差异与在认识到货币价值的相对性而形成的经济理论的差异进行比较，你们便能够形成那种根本差异的一些观念。我假定，在经济稳定时期，这种相对性的实际结果主要表现于外币兑换的细微的波动之中。这种波动是可以同影响如迈克尔逊－莫雷实验等的精密实验的长度的细微改变相提并论。有时其结果很具有轰动性——马克兑换猛升到上

10亿,一个高速的β粒子半径缩小为原来的三分之一,但是主要的结果并不是这些偶然出现的现象。显然,一个相信英镑绝对性的经济学者尚未掌握他自己学科的根本原理。同样,如果我们把物理学的世界,假定为固有地由那些现在看来仅只与我们自己的特殊参考系有关的距离、力及质量所构成,那么我们就离事物本质的正确理解还相距甚远,就需要适当地再进一步了解事物的本质。

自然构造计划

现在我们转到那个急欲选出一个"正确"的空间体系的观察者,我假定他心中是想寻找自然自身的体系——大自然的计算所依赖的体系。自然界按照重力定律配置星球,或者当自然界把电子在她的车床上转动时她要计算对称性。但是自然对他而言是太精妙了:它不曾留下任何东西来泄露它所使用的体系,或者隐蔽还不算任何特别的精妙,大自然可以不采用空间体系而完成自己的工作。让我来告诉你们一个寓言吧。

从前曾经有个考古学家,他常常从古庙的方位来计算古庙的年代。他发现,那些古庙与某种星球升起的轨迹在一条线上,因为岁差的原因,星球不再沿原来的轨迹出现了,但是星球与庙宇的线一致时出现的年代是能够计算的,因此庙宇的建筑年代便被发现了。但这种方法可能不适用于一个种族,他们只建筑圆形庙宇。在考古学家看来,这对他们来说就是一个特别精妙的揭示,他们揭示了完全隐藏的那些古代庙宇建造年代的技巧。然而一个批评家提出了很糟糕的提议,认为或许这个特别的种族根本就不关心天文学。

同批评家一样,我也不以为大自然有特别的技巧把她所选择的体系隐蔽起来,原因恰恰是她并不关心空间体系。空间体系是一种我们发现对计算有用的区分法,但是它们在宇宙的构筑里并没有地位。毫无疑问,假定宇宙按照隐藏自身计划的方式来计划是极为愚昧的。这个计划就像白色骑士的计划——

    我想到了一个计划,

    要把某人胡须染绿,

    但又不能让人看见,

    就得使用一柄大扇。

  如果真如此,在看清自然的真正意义的计划之前我们必须抛弃空间体系。大自然本身对它们并不关心,它们只能把她的简朴弄模糊。我的意思并不是提议我们应该完全重写物理学,剔除所有空间体系的参照物或参照空间体系的所有物理量。除了要理解世界构造的终极计划以外,科学还有许多工作要做。但是如果我们希望洞察世界构造的终极计划,那第一步就是要避开不相干的空间体系。

  这将涉及旧概念的巨大变化,重要的发展将随我们态度的变化而起。例如,大家都知道重力和电力都近似地遵守距离平方的反比法则。这个法则因其极为简洁,强烈地引起我们的关注。它不仅数学上简单,而且它很自然地和三维空间中向外扩展的效应的减弱相对应,因此我怀疑它可能是重力场和电场的正确法则。但是,虽然它对我们而言很简单,但对于自然就很不简单了。距离与空间体系有关,随空间体系的选择而不同。除非我们首先确定空间体系,否则我们不能了解距离平方反比方法的意义。但是自然并没有确定过任何一个体系,即便法则给出了一些自补偿以便对我们所选择的任一空间体系(大自然并未选择)都得到同样的观测结果,但我们依然误解了大自然真正的运行方式。在第六章我们将尝试获得这个法则的一个新的见解(对大部分的实际应用这法则基本上都可表示为平方的反比),并得到大自然不在无关空间体系内进行的工作图景,相对性的认识引导我们寻求解析自然现象复杂性的一个新方法。

以太中的速度

相对论明显地与探测绝对速度的不可能性紧密相关。若在我们与星云物理学家的论争中,我们之中有一个能够主张处于绝对的静止,那么就有充分的理由选择与之相应的体系了。这在某种程度上与著名的哲学信念即运动应该必然是相对的有共通之处。运动是相对于某物体的位置的变化,如果我们要设想与无物成相对的位置的变化,则全部的概念都会消失,但是这并未完全解决物理问题。在物理学上,我们也不应对使用"绝对"一词过于谨慎。关于以太和任何具有普遍意义的体系的运动,都可以称之为"绝对"。

尚未发现过以太体系,我们只能够发现与随意分布在世界各处的物质标记相对的运动,与更普遍的以太海洋有关的相对运动则闪躲着我们。我们说"假定 V 为通过以太的物体的速度",就可构成各种涉及 V 的电磁方程。其后我们代入观测值并尝试着消去除 V 以外的所有未知量。方程非常好求解,但是正当我们消去其他所有未知数量时,要留心! V 也同样地消失了,留下来的是无可争论而又令人恼怒的结论——

$$0=0$$

当我们提出愚不可及的问题时,这种结果是数学方程所能利用的良好手段。如果我们打算寻找北极处东北方一点的经度和纬度,我们可能会得到差不多相同的数学答案。"通过以太的速度"同"北极的东北方"一样毫无意义。

这并非要废除以太,我们需要以太。物理世界是不能和毫无特性的宇宙空间一同分解成孤立的物质粒子或带点电粒子的,我们不得不像赋予粒子一样赋予宇宙空间以足够的特性。在当代物理学中,需要庞大的符号来描述宇宙空间中所发生的事情。我们假定以太具有宇宙空间的特性,正如我们假定物质或电子具有粒子的特性一样。或者哲学家要问,只承认那些特性而不考察支持它们的任何东西是否不大可能——这样一竿子下去就能兼顾以太和物质了但是那个问题不是要点。

19世纪大家普遍相信以太是一种物质,具有像普通物质一样的质量、刚性、运动等属性。很难说这些观念是何时消亡的,或许它在英国比在欧洲大陆延续得久些。但是我想即便在这里(爱尔兰),这种观念的正统性在相对论横空出世数年之前也已经消亡了。逻辑上,它被那些把物质视为以太中的漩涡、结节、喷射等等的19世纪的研究者抛弃了。很显然,他们不能想象以太还包括以太中的漩涡。但是,要断定那些存疑的权威有逻辑性也可能有风险。

现今,大家都认同以太不是一种物质。由于其非物质性,因此以太的性质自成一类,必须由实验来确定。因为我们对任何先入之见都没有根据,所以能够毫不惊异、毫不怀疑地承认实验的结论。我们在物质里面碰到的质量和刚性等特性,在以太里自然而然地就没有了,但是以太将具有其本身新的和确定的特性。在物质的海洋中,我能够说,数分钟前处在这里的一个特别的水微粒,现在已跑到别处去了。对于以太,不能做出同样的判断。如果你们采用那种想当然地认为粒子性是永久性质的方法来设想以太,那你们就必须根据现在的证据来修正你们的概念。我们不能自以太找到我们的速度,我们不能够说现在在这个屋子里以太是正从北墙还是南墙流出屋子。这个问题对于物质之海有意义,但是没有理由认为这个问题对于非物质的以太海洋也有意义。

在我们现在的世界体系中,以太自身的未来亦如其过去一样,但已经发现以太中的速度与难以捉摸的哈里斯夫人相像,爱因斯坦以勇敢的怀疑论启示我们——"我不相信没有那样的人"。

菲茨杰拉德收缩是真实的吗

我常常在问菲茨杰拉德收缩是否真的会发生，这一概念是在未介绍相对论观点之前于第一章介绍的，如今由于相对论已经给出了我们目前运行的世界的新概念，或许不清楚它现在变成了什么样子。当然了，第一章是根据古典物理学的观点来说明现象，以此表明所需要的新理论包含许多我们应当在相对论物理学中有不同表达的描述。

一个运动木棒确实在其运动方向上缩短吗？要给出一个显而易见的解答并非易事。我想我们通常都会区别开真实与真正的真实，那些声称只处理表象而不处理任何其他事情的声明可以是真实的，那些既真实而又处理表象下面实质的声明，则是真正（实质）的真实。

你们从上市公司收到一张资金平衡表，观察到财产合计成这样那样的数字。这真实吗？当然了，这是为特许会计人士所证明的。但是这是否就真正真实了呢？许多问题随之而来：各个科目的实际价值常常不等同于资金平衡表里数字所表示的价值。我并不是特指不诚实的公司，有一个财富用语叫作"秘密盈余"，一般说来，公司越有声望，那么它的资金平衡表就越偏离其实际价值，这就叫作稳固的财政。但是除非精于利用资金平衡表来掩盖真实情形，它不是很适合显示实际情况，因为资金平衡表的主要目的是平衡，任何其他事情都必须服从这一目的。

采用空间体系的物理学者不得不考虑每1毫米空间——实际上是制作平衡表，达成平衡，一般不会太困难。但是假定他碰巧关注一个每秒旅行16.1万英里的人，这人是一个身高6英尺的普通人。只要关注真实，那么在平衡表里合适的入账就应该显示为6英尺，但是平衡表并不平衡。考虑到那人以外的其他空间,则从他的头顶到他的靴子之间就只剩 3 英尺了,因此在他的平衡表上长度记为 3 英尺。

记载于平衡表的长度就是菲茨杰拉德收缩,运动木棒的缩短是真实的,但不是真正的真实。它不是关于实质(绝对)的叙述,而是关于在我们参照里的表象的真实叙述。[①]一个物体因为处在不同空间体系而长度也就不同,任何一个 6 英尺高的人,在某种体系或其他体系内都会变为 3 英尺高。有关高速旅人身高 3 英尺的叙述是真实的,但是这并未指明有关旅人的任何特别的特性,而仅仅指明我们所采用的是他的身高在其中为 3 英尺的体系。如果这不是我们的体系,则必然是另外的体系。

或者你们要想,我们应该改变空间的记事法,从而使它们直接表示实质。为这些极其少见的转换做准备会引起一大堆麻烦,但客观上说,我们已经尽力满足你们的要求了。归因于闵可夫斯基提出的方法,能够记载对实质(绝对)和差异的反映,因为那是一种思维平衡表,因此通常情况下不必急于采用它。

小结

在我们讨论四维度之前,让我们最后回头看一眼。我们已经碰到一些古典物理学没有想到的困难——多种空间体系,每一个空间体系都与任何其他空间体系一样有效。按照经典物理学的观点,距离、磁场力、加速度等等必须是确定的和独一无二的。在不同的空间体系里,我们碰到了不同的距离(磁场力、加速度)等等,而我们依旧没有选择这些空间体系的依据。我们的简单方法放弃了如下观点,即这些体系之一

[①] 静止长度是不变的,但相对长度缩短了。我们已经看到"长度"一词现在用来表示相对长度,在确认运动木棒改变其长度的叙述中,我们当然要假定这个词使用的是它的现实意义。

是正确的、而其他的系是不正确的模仿的观点,而是一视同仁地都接受这些空间体系。因此距离、磁场力、加速度等等都是相对量,是可以与我们早就知道的相对量如方向或速度等相比较的。总体上,这没有使我们的物理知识发生大的改变,我们只是放弃了这些物理量的行为的某些预想,以及基于它们是绝对量的某些心照不宣的假设。具体而言,大自然的定律对绝对量而言看起来简洁适用,但对相对量而言很不适用而需要一些修补。同时我们的物理知识结构并未受到多大影响,最基本概念的变化则是彻底的。我们已经从要求大自然里的每个事物都有力学模型的旧观点走的够远了,因为我们现在甚至不承认两点之间确定的独一无二的距离。物理学现有体系的相对性,引起更深入地探求和发现隐于其下的绝对的体系,由此我们可以更真实的视角看世界。

第三章
时间

皇家天文台长的时间

我有时想,听听英国天文台长和柏格森(Bergson)教授之间关于时间的本质的论争,倒是非常有趣的。柏格森教授是这问题上的著名权威,而且我可以提醒你们,英国天文台长的工作职责就是找出我们日常使用的时间,所以推测起来,他对时间必然有自己的观点。我得说这场论争是在差不多 20 年前,是在爱因斯坦的观念的传播带来和解之前的事。当时两人的意见可能非常冲突,我更愿设想哲学家在言辞论争上要更占优势。在指出英国天文台长的时间观念是极其荒谬的之后,柏格森教授便注意着他的表,匆匆忙忙地赶上一列按照英国天文台长给出的时刻运行的火车,如此便结束了论争。

不管是否是正确的时间,但英国天文台长的时间是事实上的时间。他的时间渗透到物理学的每一个角落。它无须逻辑辩护,它处在一个法定权利的更强大的地位。它已被编织到古典物理学体系的构造之中。在物理学上"时间"就是英国天文台长的时间。你们可能知道,在爱因斯坦的理论里,时间和空间是以极为奇异的方式混为一体,这一点已显示给大家了。对于初学者而言这是一个绊脚石,他倾向于这样说:"那是不可能的,我本能地感觉到时间和空间必然是性质完全不同的东西。它们不可能混为一体。"英国天文台长得意地回击道:"这并不是不可能,我已经混合过它们了。"好啦,就此打住。如果英国天文台长已经混合了时间和空间,那么他的混合物便是现今物理学的基石。

我们不得不区别两个全然不同的问题。第一,时间的真实本质是什么?第二,那些以时间之名成为古典物理学结构的基础部分的物理量其本质是什么?经过长久的实验和理论发展,物理研究的结果已形成体系,该体系被证明大体上是非常成功的。时间——英国天文台长的时间,其重要性在于它是该体系的组成要素,是该体系的黏合剂或灰浆这一事实。如果它被证明它是我们意识里所熟悉的时间不完美但唯一的代表,它的重要性依然不会减弱。因此我们首先讨论第二个问题。

但是我要补充一下,爱因斯坦的理论,已经把第二个问题弄清了,而且已经发现,物理学的时间是不协调地与空间相混合的,所以也能够过渡到第一个问题。在相对论物理之前,有一个尚未认识的物理量,能够更直接地表示意识所知道的时间,这就是本征时间(原时)或时间间隔(interval),它与固有空间截然分开并不相似。你们根据常识对于时间和空间混合的反驳是我期望鼓励的一种感情,时间和空间应该是分离的。现行的把持续着的世界作为一个三维空间,沿时间从一个瞬间跳到下一个瞬间的表现形式,是一个分离时间和空间的不成功的尝试。请随我回到原初(纯洁)的四维世界,在那里我们将根据一个把时间和空间完全区别的计划来重新刻画这个世界,然后我们把几乎忘了的意识时间复活,发现在自然的绝对体系中它具有可喜的重要性。

但首先让我们试着理解,为什么物理学上的时间与直接感受到的时间有偏差。我们很快要得到关于时间的某种结论,并把这种结论看作公理,尽管那些结论实际上并未得到在我们对时间的直接感受上的任何事物的验证,这里就是其中一个例子。

如果两个人相遇两次,那么他们在两次相遇之间必然生活在同一段时间里,即使其中一人旅行到了宇宙很远的部分并在其间归来。

你们可以这样说,这是一个滑稽的不可能的实验。确实如此,它超越了一切经验。因此,当你们反对否认上面叙述的理论时,我可否这样说,你们不是也求助于你们的时间经验吗?如果这问题依然需要急着回答,大多数人将会不耐烦地答复说以上叙述当然是真实的。他们已经形成了这样一个时间概念,即时间滚滚向前与我们毫无关系,由此上述说法看来是必然的。他们并不会问他们自己,这个结论究竟在他们实际的时间经验中是否为任何事物所确认过。

虽然我们不能尝试这种实验,把一个人送到宇宙的另一部分,但我们有充足的科学知识,计算静止人体和高速运动的人体中的原子及其他物理过程的变化。我们能够肯定地说,旅行者身体里的物理过程要比静止的人的身体相应的物理过程要慢得多(即根据英国天文台长的时间要慢得多)。这并非特别神奇,理论和实验两方面早就知道物质的质量和惯性随着速度的增加而增加,惯性愈大的自然结果就是变化变缓。对身体变化而言,快速运动的旅行者生活变缓慢了,他的消化及疲劳周期、他的肌肉对其的反应速度、他的身体由少到老的变化、他的大脑里或多或少与思想和感情同步的物质过程、在他大衣袋内滴答作响的手表等等,所有这些都以相同的速度变慢了。如果旅行的速度极大,我们可能发现尽管坐在家里的那个人已经老了 70 岁了,而旅行者才变老了 1 年,他仅仅吃过 350 次早餐、午餐等。他的智慧,受阻于缓慢转动的大脑,仅相当于地球上生活 1 年的思考量,他的手表提供更准确和科学的计算,也确证了这一点。(我们的)意识试图按照自己的粗略方式来测量时间,按照这个时间来判断,——我重申,这是唯一一个我们有权期望从空间区别开来的时间计量,那两个人两次相遇之间并未生活在相同的时间。

对于意识所估计的时间参考被时间计量的不稳定这一事实搞复杂了,"我要告诉你们,你慢时间也慢,你快时间也快,你疾驰时间也疾驰,你静止时间也静止"。我并没有提到这些主观的变化。我并不愿意引出这样一个不满意的计时器,我唯一要做的是应对那些告诉我"本能的感觉"时间的批评者。我要对他指出,那种感觉的基础是历经的时间,正如我们刚刚看见的,在他们两次相遇之间,一个人可能生活了 70 年,而另外的人可能只生活了 1 年。我们来完全科学地规定"历经时间",即随所关注的旅行者一道旅行,并分享与速度有关的他的惯性的变化的表示时间。但是普遍采用"历经时间"存在明显的障碍,对每一个人而言,拥有与其生命精确地成正比的私人时间很有用,但如果对约会的话就极其不方便了,因此英国天文台长采用了完全不严格遵循历经时间的普遍计时法。根据这一点,时间的流逝并不依赖于所考察的物体在这一段时间里如何运动。我承认这种计时法对于我们归来的旅行者是有点困难,按照这一计时法,虽然从所有方面来看,他都还是十来岁的小青年,却要把他当作一位八旬老人。但为满足公共利益,必要的牺牲是肯定的。实际上我们没处理过以任何高速旅行的人,但是我们必须处理以惊人高速运行的原子和电子,所以普遍计时法和个人计时法之间的问题是很实际的。

所以在物理学的时间(即英国天文台长的时间)上,认定两人在两次相遇之间都历经相同的时间,无论是否根据他们的实际经验,出于时间历经不同而导致的结果偏离是由于时间和空间的混合。当然了,如果我们坚持硬性的直接经验的时间的话,时间和空间的混合不可能发生物理学时间同空间一样,也是一种体系,是我们把客观世界在其中定位的体系。现在我们来考察实践上如何在空间和时间体系里定位客观世界,我们已知道,这些体系的选择是无限的,所以,我将直截了当地告诉你们我是如何在我的体系之中定位这些事件。

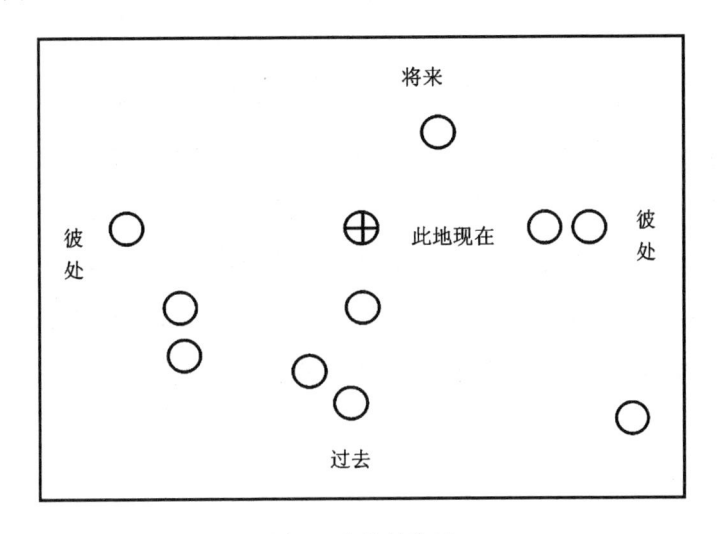

图 1 事件的位置

在图 1 里,你们看见圆圈所表示的事件的集合,现在,它们不在正确的位置上,摆在我面前的任务,就是把它们安置在我的时间和空间体系里的适当的位置。在它们中间,我能够立刻认识和标记＜此地－此刻＞(Here－Now)事件,即此刻这间屋子里正发生的事情。其他的事件不同程度地远离＜此地－此刻＞事件——但我很明白,这些远离不光程度不同,种类也会不同,有些事件朝着我一般称之为过去的方向扩展,我也能够预料在未来很远的其他事件。还有其他类型的事件,朝着中国或秘鲁,或朝着一般性的说法称为"其他地方"的很远的地方。在这个图上,只够给出"其他地方"一个维度的地方,另外的一个维度垂直伸出纸面,你们也必须尽力想象第三个维度。

现在我们必须从这个模糊的位置图像转到精确的图像。第一件也最重要的事情是把我自己放到图里,虽然这听起来很自负,但是,请看,这是所要被采用的我的空间体系,因此它完全依附于我。在此我是一种四维蠕虫(图2)。这种描述很准确,对过去我有很大的延展,对未来也可假定有很大的延展,而对于"其他地方"却只有有限的延展。"瞬间的我",即在这一瞬间的我本身,就是<此地—此刻>事件。从<此地—此刻>来考察世界,我能看见正发生着的许多其他事件。这样进入我脑海里的是:我在此地意识到的那一瞬间,必须加以扩展把它们包括在内。我便很快得到结论,即现在并不限于"此地—此刻"。因此,我拽着"现在"这个瞬间就像一个清晰的断面一样穿过事件的世界疾驰,以便适应现在所发生的所有遥远的事件。我选择我看见现在正在发生的事件,把它们放在断面上,我把这个断面称为时间的一刻或者一个"世界的瞬时状态"。我把它们放置在现在,原因在于它们看起来是现在。

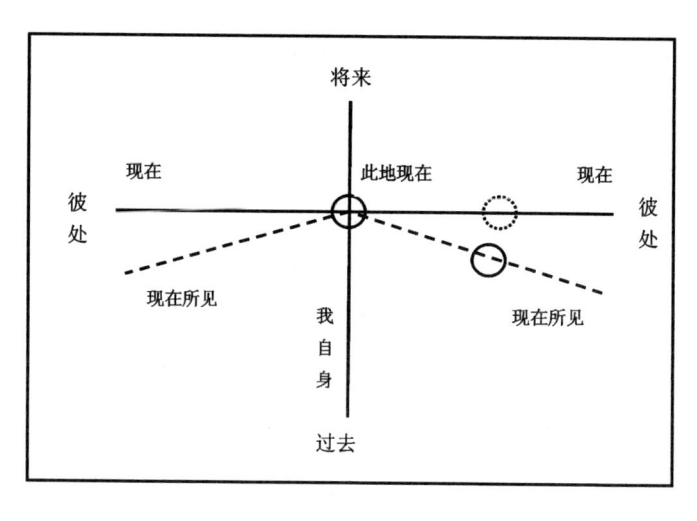

图 2

这种定位方法一直持续到1667年,直到发现它不可能协调一致地工作了。其后天文学家罗默发现,在现在所看见的不能放在现在这一刻(按照一般的说法——光的旅行需要时间)。那真是对世界的瞬间体系是一个打击,而瞬间就是特别造出来适应这些事件的。我们曾经把两个不同的事件搞混了:第一个是客观世界某处的原始事件,第二个是我们对第一个事件所看到的事件。第二个事件对我们而言就是＜此地－此刻＞,第一个事件既不在此地,也不在此刻。经验照例不能给出不在"此地"的"现在"的解释。我们最好能把我们对"现在"而不是"此地－现在"的直觉认识的观点抛弃,这种观念是假定世界范围内瞬间"现在"的最初理由。

但是,在熟悉了世界范围的瞬间后,物理学家们并不打算抛弃它们。确实,如果我们不把它们看得太严重的话,他们还是相当有用的。它们作为该图的一个特点保留下来,画在图 2 里的两条"现在所见"线从"现在"线向后方倾斜,现在看到的事件放在这两条线上就协调了。在"现在所见"线与"现在"线之间夹角的余切可解释成光的速度。

相应地,我在宇宙辽远的部分看见一个事件,例如一颗新星爆发,我便(很适当地)把它放置在"现在所见"线上,于是我便依据该星所测定的视差来做一些计算,将"现在"线移动到比如事件发生之前 300 年,这样 300 年前的"现在"线就与时间相遇了。通过这个方法,我跟踪我的"现在"线或者事件中的世界范围的瞬间线,由此得到客观事件的时间—位置体系,那些辅助性的"现在所见"线在完成使命后就可从图上擦除。

这就是我如何定位事件,你们怎么做?我们必须把你们放到(图3)。我们将假定你身处以不同速度运动,但这一瞬间在很近地方通过地球的另外一个星球上。你与我在过去相隔很远,在将来也会再次相隔很远,但是我们都位于"此地—此刻",具体如图所示。我们从"此地－现在"来考察世界,当然了,我们两人都同时看见相同的事件。我们可能从那些事件得到极其不同的印象,我们的不同运动将引起不同的多普勒效应、不同的菲兹杰拉德收缩等等。在我们意识到你所描述的是一个红色正方形,而我却描述成一个绿色长方形时,还是有轻微的误解。但是，请允许这种叙述上的差异，我们不久就清楚了我们在观察相同的事件，我们也将完全同意那些"现在所见"线相对于事件是如何放置的。从我们共同的"现在所见"线出发，下一步你必须进行计算以便在事件中画出你的"现在"线，并追踪这些线，如图3所示。

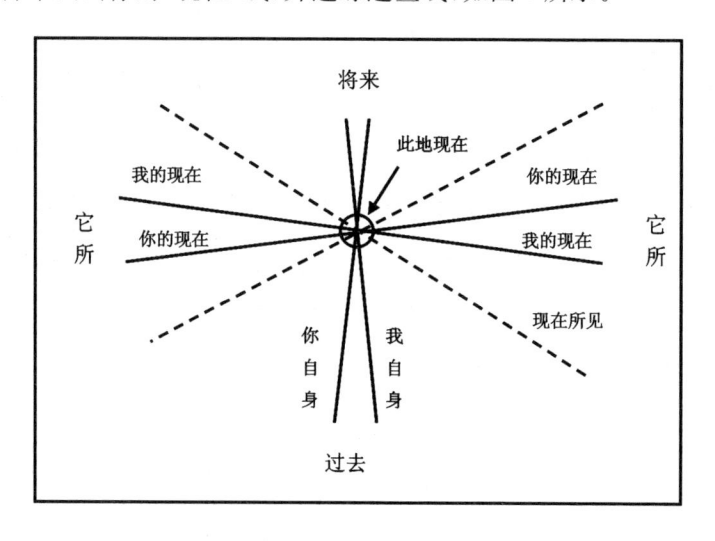

图 3

从同样的"现在所见"线出发，你怎么不照搬我的"现在"线呢？这是因为计算时必须用光速测量值的缘故，自然了，你相信你的光速测量，我相信我的光速测量，原因我们的仪器受到不同的菲茨杰拉德收缩等的影响，所以就有可能存在很多偏差。非常不可思议的是我们都得到了相同的光速，为每秒299796千米。但是这表面的一致实际上是不一致的，原因在于你们取它作为你们星球的相对速度，而我取它作为我的星球的相对速度的缘故①。因此，我们的计算是不一致的，你的"现在"线与我的不同。

---

① 光速的测量值是往复速度的平均值。除非已设置了"现在"线，单独沿一个方向的速度测不出来，所以它不能用来设置"现在"线。因此要画"现在"线有点困难，"现在"线只有靠武断的假定和公约才能移动。实际上所采用的公约是（相对于观察者）在相反两个方向上的光速是相等的。据此所得到的"现在"线也因此必然成为一种公约。

如果我们相信我们的世界范围的瞬间或"现在"线是客观世界固有的,我们可能就会激烈争辩了。在我看来,你把图中右侧那些尚未发生的事件和左侧那些已经过去的事件取出来,把它们结合起来叫作宇宙的某瞬间的状态,这是可笑的。你同样也会嘲讽我的分组。我们决不认可对方。当然了,从图来看,似乎我的瞬间比你的瞬间更自然些,但那是因为是我画的图的缘故,你自然要把你的"现在"线相对你自身画成垂直的。

但是,如果"现在"线仅是画出来穿过世界、借以方便放置事件的参考线——如同地球上的纬线和经线一样,那么我们便不必争执了。于是,不存在画线方法对错与否的问题,我们画线是便于使用即可。世界范围的瞬间并非是件平面的自然分割,在世界的绝对构造里面没有它们的对应物,它们是我们想象出来的便于应用的一些区分。

我们已经习惯于把世界——时间上持续的世界,看作连续的瞬间状态的分层,但是在另外一个星球上的观察者可能沿与我们不同的方向让地层运转。如果能够摒除我们心里的这种层的幻影,我们将能够更为清晰地看到真实的物理世界的机制。于是所显示出来的世界,虽然它极为陌生,但实际上极为简单。在简单与熟悉之间存在差异。火腿是我们最熟悉的猪肉的形态,但对于希望了解动物功能的生物学家,未切成片之前的猪肉就是一个简单的物体。

绝对的过去和将来

现在让我们试着来得到绝对的观念,我们把所有的"现在"线统统擦除,把"你自己"和"我自己"也都擦除,因为我们对于世界并不重要。但是留下"现在所见"线。这些线是绝对的,"此地-此刻"的所有观察者都认可这一点。平面图是一个断面,你们必须想象它在转动(实际转动两次,由于图以外有两个维度)。"现在所见"的轨迹因此实际上是一个圆锥形,或者把"现在所见"线向未来的延伸考虑进来,那它就是一个对顶圆锥形或沙漏状(图4)。只要涉及空间和时间,这些沙漏(将世界"此地—此刻"上的每个点连起通过转动都可以得到)就体现了我们所知道的世界的绝对构造,它们表示世界的"颗粒"如何运行。

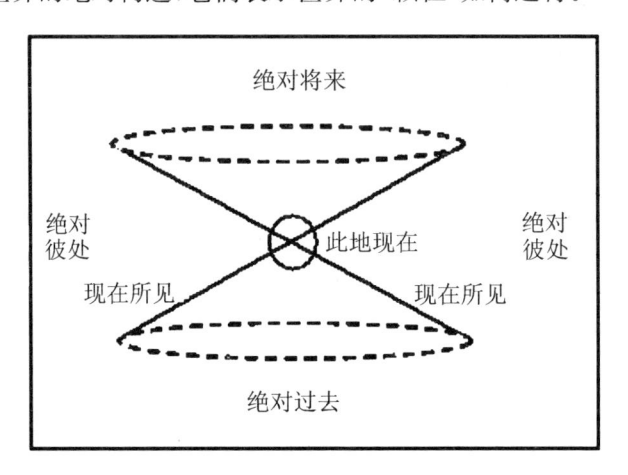

图4

"时间老人"被描画成带着一柄镰刀和一架沙漏的老人,我们不再允许他用他的镰刀从世界来收割"瞬间",但是把他的沙漏留给他。

因为沙漏是绝对的,它的两个圆锥形对"此地—此刻"事件分别提供了一个绝对的未来和一个绝对的过去。它们被(绝对的)、既非过去又非未来的楔形中性地带区分开,那种常见的说法即相对论把过去与未来完全颠倒是极其错误的。但是,与相对的过去和相对的未来不同,绝对的过去和绝对的未来并是由一个无限窄小的现在来区分的。它暗示中性地带的楔体就可以叫作绝对的现在,但我并不以为那是一个适当的术语,将其描述为"绝对的其他地方"要好得多。我们已经摒弃了"现在"线,而在绝对的世界里,当前"现在"限指"此地—此刻"。

或者我可以用更为假想的例子来说明由楔形中性地带所引发的独特的状况:假设你爱上海王星上的一个女子,她也回报你以爱情,如果你能够在某一时刻(可能事先安排的)对自己说"她现在正在想念我",以慰藉分离的悲伤,不幸的是,出现了困难,因为我们已经不得不摒弃了"现在"。没有绝对的"现在",只有依照不同的观察者所计算的、覆盖整个楔形中立地带的大量的相对的"现在",对海王星而言,这一地带差不多是 8 小时后,她便不得不连续不断地思念你 8 小时,以便绕过"现在"。

在地球上,可能在最大距离上中立楔体的厚度不超过十分之一秒,因此地球上的同时性不会受到严重干扰,这就提示着对我们前面结论的一个印证,及绝对的现在限指"此地—此刻"。这一点对瞬时事件(点事件)是正确的。但在实际中,我们注意到的事件都是远超无限小时间的。如果时间段大到足以覆盖整个中立地带的范围,那将其当作整体事件看就可以认为是绝对的"现在"了。以此观点,一个事件的"现在性"就像它投射到空间的一个影子一样,事件越长,那么投影本身延伸的就越远。

如果物质的速度接近光速时,它的质量便增加到无穷大,因此要使物质比光运行的还快是不可能的。这个结论是从经典物理学法则推导出来的,实验已经证实这一点:在极高速度下运动的物体质量增加。在绝对世界里,这意味着一个物质粒子只能够从"此地—此刻"进入绝对的未来——你们会要承认这是一个合理的和适当的限制。物质粒子不能进入中立地带,限制性圆锥是光和以光速运行的任何事物的轨迹。我们自身是束缚于物质实体,因此我们也能够进入绝对的未来。

在绝对的未来中,诸事件不是绝对的"其他地方",一个观察者能够从"此地—此刻"旅行到时间上有问题的事件并体验它,因为这样做所要求的速度比光速低。与这个观察者的体系相对的事件将在"此地",没有观察者能够到达中立地带里的事件,因为需要非常大的速度。对于任何一个观察者,事件都不是在"此地"(从"此地—此刻"看),因此它是绝对的"其他地方"。

空间与时间的绝对区别

因为把世界在一方面分成"绝对过去和绝对未来",在另一方面分成"绝对的其他地方",我们的沙漏就使时间和空间之间的一个根本差异重现了,这种差异并不是在空间—时间体系里所表现的时间与空间之间的差异,而是时间关系和空间关系之间的差异。对我们而言,事件可以是时间关系(绝对的过去或将来),或者是空间关系(绝对的其他地方),但不能两个关系都有。时间关系向过去和未来的圆锥里辐射,空间关系向中性楔里辐射,它们被我们世界里绝对构造的微粒所辨识出来的"现在所见"线绝对地分隔开——我们已经把英国天文台长用简单的、人为的"现在"线结连时间时弄乱的差别重新弥补了。

我将把你们的注意引向我们对时间延伸和空间延伸理解的一个重要的差异。如先前已经解释过的,我们的课程是通过世界,即沿着时间关系顺序进入绝对的未来。我们绝不能得到相似的空间关系顺序的相似的体验,原因在于那要涉及以比光还快的速度旅行,所以我们具有时间关系的直接体验,而无空间关系的直接体验。我们有关空间关系的认识是间接的,很像我们对客观世界的知识一样——是一个通过我们的感觉器官给予我们的印象的推论和解释。我们有相似的、存在于我们的外部世界中的事件间的时间关系的间接知识,但是我们还有我们本身正在经过的时间关系的直接的经验——不是通过我们的外部感觉器官而来的时间知识,而是抄近道直接进入我们的意识里的时间的知识。当我闭上眼睛并回缩到我的内心时,我感觉到我自身的持续,并没有感觉到我自身的扩大。正是时间的这种感受影响着我们,而不仅仅存在于外部事件的关系之中,这就是时间的极为特异的性质。另一方面,空间通常被认为是外部的东西。

那就是为什么在我们看来时间比空间更为神秘的原因了。我们对空间的固有性质一无所知,因此满足地想象它是十分容易的事。我们深深熟悉时间的本性,但却阻碍了我们的理解。同样自相矛盾的是,我们认为了解普通桌子的性质,但人性的本质却依然神秘。我们从未与空间和桌子有密切的接触,它们将让我们认识到它们是如何的神秘。我们具有时间和人类精神的知识,这使得我们由于那些都只是符号概念而认为其不足从而拒绝它们,由此在洞察其本质时往往犯错误。

四维世界

我不知道你们是否敏锐地注意到,有时候我们已陷入了一个四维世界这个事实。第四个维度无须介绍,只要我们一开始考察事件它就已经存在于斯了。各个事件显然有四个维度,我们可把它分解成左右、前后、上下,或迟早——或者分解成为许多四个维度上组合。第四个维度并不是一个难解的概念。要理解四个维度上发生的事件并不困难,否则其他的理解是不可能的。我们沿着这个思路继续向前会碰到困难。出于长期的习惯,我们都把事件的世界分割成三维(空间)断面或者瞬间,把瞬间上的堆积看作与一个维度完全不同的某种东西,那就是我们以三维世界漂浮在时间河流里面的通常的概念。偏爱某个特别的维度也并非毫无根据,主因在于我们对沙漏图腾将空间关系和时间关系绝对分开的粗陋的理解。必须采用更为精确的区分代替这个粗陋的区分,"现在"线所代表的想象中的构造平面把一个维度同其他三个维度分开,但沙漏所给出的结构却把四个维度紧密地结合在一起。①

我们习惯于把一个人与他所处的时间割裂开来思考,当我在图二里描绘我自身的时候,你们便有一瞬间的惊异,认为我应包括我的少年时代和老年时代。但是想象一个没有他的时间的人,恰如想象一个没有内里的人同样抽象。抽象是有用的,一个没有内里的人(即一个表面)是所熟知的几何学的概念,但我们应该辨别何者是抽象,何者不是。本章所介绍的"四维蠕虫"对于许多人而言都似乎是极其抽象的,实际上并非如此,它们只是不为人所熟知的概念,而不是抽象的概念。蠕虫("现在"的人)的断面才是一个抽象。由于断面可取不同的方向,不同的观测者将会得到不同的抽象,进而将会给予不同的菲茨杰拉德收缩——在时光中历经的非抽象的一个人是创造种种抽象的共同源泉。

在这一主题里,四维世界的形象起因于闵可夫斯基。爱因斯坦给出了我们熟知的物理量的相对性,闵可夫斯基给出了如何回到四维体系的原点,并更深入地搜索而恢复绝对。

光的速度

相对论中似乎引起哲学家特殊兴趣的一个特点是光速的绝对性。速度一般是相对的,如果我说每秒钟 40 千米速度,必须补充说"是相对于地球""相对于阿图克鲁斯星球"或者我刚才提到的什么一种坐标系。除非有这个补充或隐含坐标系,没有人会从我的描述中理解到什么。但是有一件奇异的事实是如果我提到每秒 299796 千米速度,便无须说明性的文字。相对于什么的速度?相对于宇宙间的任意一物体、每一

---

① 在图 4 里,比例尺表示的一秒时间相应于空间的七万英里。如果我们采取一个经验上更普通的比例,比如说一秒相当于一码,那么"现在所见"线就差不多变成水平的了;这就很容易明白,为什么把四维连在一起的圆锥,对分隔各维的断面会出现错误。

颗星球或任何物质的例子。

试着赶上一束闪光是毫无用处的,不管你跑得多快,光都是以每秒18.6万英里的速度离你远去。现在有一个观点,这是大自然所加给的我们实在没有意义的欺骗。还是以我们那位以每秒旅行16.1万英里的速度旅行观察者为例,派他追赶闪光,一秒钟光比他多走2.5万英里,但是那并不是他要报告的。由于它的标准比例尺发生收缩,他的一英里不过是半英里。由于他的时间变慢了,他的一秒都成了两秒,在他的测量里速度成了每秒10万英里(实际上是每2秒5万英里)。在他把记录速度的时间与时钟同步时,他犯了一个更大的错误(你们还记得他用的是与我们不同的"现在"线)这样速度就提高到每秒18.6万英里了。从他自身的观察点来看,旅行者是无望地落在光的后面了。因为他的测量仪器已经错乱颠倒,所以他也就意识不到他的竞赛是多么接近光速了,你们要注意闪光的、难于捉摸不亚于彩虹。

尽管这个说明有助于我们把最初看起来全然不可能的时间相调和了,然而它并不透彻。你们记得吧,一条"现在所见"线或闪光轨迹线代表世界构造的组织粒。因此每秒299796千米速度的特性是它与世界的组织粒一致。代表物体的四维蠕虫,必将穿越组织粒进入未来的圆锥之中,我们不得不引入某种参考系来记述它们的历程。但是光精确地沿着组织粒,无须任何其他人为的区分参考系来描述这个事实。

可以这样说,299796千米/秒这个数是世界组织粒的一个代码数字,其他代码数字相应于多个随意穿越组织粒的蠕虫洞。对不同的空间和时间系,我们有相应的不同的代码。世界组织粒的代码是唯一一个在所有代码里都相同的数字,这绝非偶然。但除了我们的测量方法被合理设计以便揭示本质而不是得到世界组织的偶然特性外,我并不知道能否从中得到更深入的推论。

在每个测量系统里都占据独一无二的位置的每秒299796千米速

度通常都指的是光速,但是它的意义远不止此。在这一速度下物质的质量变成无限大,长度收缩为零,始终静止。因此,无论是否涉及光,在各种问题都会出现这个速度。

科学家度对这个速度的绝对性兴趣巨大,而哲学家的兴趣我想大部分是错误的。在确认这一速度的绝对性后,科学家们表示他们在每个测量系里面都把同样的数赋给它,但是那是他们自己的一个私自的安排——一个对它的普遍重要性未写出来的致意。① 从测量数据转到这些数据所表示的事物,"组织粒"肯定是世界的一个绝对的特征,但也是"蠕虫洞"(物质的粒子),差异在于组织粒是本质的和普遍的,而蠕虫洞是偶然的。科学和哲学在讨论"绝对"时往往带着相反的目的——我恐怕这误解的过错主要在于科学家。在科学层,我们主要关心的是我们所使用的描述性术语的绝对性或相对性,但是当绝对这一术语用于表示所描述的事实的时候,粗略表示"普遍的"意思,而非相反的"偶然的"。

另外一点误解是存在速度的最高极限,并没有说速度不能超过每秒299796千米。例如,想象一个能够将精确平行光传送远达海王星的探照灯,如果让探照灯每秒转动一次,那么在海王星上光束的那一端将进行圆周运动,其速度将比上述速度极限高得多。通过将那些自身没有直接的偶然联系的状态进行精神联合,这是我们速度创造习惯的一个例子,相对论的论断则更为严格,即是说——

无论物质、能量或其他任何能够用来作为标记的事物,只要参考系是本章任何一种空间和时间系,其运动速度都不可能超过 299796 千米/秒。②

---

① 在一般的相对论里(第六章)用到测量系统,其中光速不再被赋予相同的恒定值,而是相应于绝对的世界结构的组织里连续变化。
② 这一类附加条件显然是必要的。我们经常为了特定目的采用绕地球旋转的坐标系;在这个坐标系里,星球每一天转一圈,因此被认为具有巨大的速度。

特定情形下（如反常弥散现象），物质中的光速能够超过这个值。但是更高的光速，只有在光通过物质使分子共鸣振动的某些时刻才能实现，一个未预做准备的闪光运行得更慢。可以这样说，超过每秒299796千米的速度是通过预先准备实现的，因此在信号设备里没有什么用处。

我们完全坚持有关信号速度的限制。这样做的效果就是只有把信号传送到"绝对的未来"才能达到这个速度。能够把关于"此地—此刻"事件的消息传送到中性楔中的结果，太过荒诞不经而不可想象，要么，信号能够到达的中性楔形地带必须严格处于违反相对论原理状态，要么就有可能建立一个联盟，能够接受我们明日发送的信息，并将其传回我们今日接收！有关信号速度的极限是我们防止过去和将来混乱的防波堤，在这点上，爱因斯坦的理论有时背了黑锅。

按照传统的表示方法，信号速度299796千米/秒的限制，更像是大自然专横的律令。我们总是感觉得到要寻找走得更快的事物就是一个挑战。但是，如果我们以绝对的形式说明，信号只能够沿着时间关系轨迹而不沿着空间关系轨迹，那么速度限制看来是合理的。为了突破它，我们不只要找到每秒也就快1千米的事物，而且能够跨越时间和空间界限的事物——我们确信这一点在任何合理的理论中都应该坚持。

实际的应用

在这些讲义里面，我更关注的是新的理论观点，而不怎么关心它们对推动科学进步的实际重要性。但是，若只是涉及那些基本概念，其缺点就是易于留下这个印象，即新物理学太过"不着边际"。那完全不对，相对论在它所适用的实际问题里是很有效的。在此，我只能考虑很基础的问题，这些问题对新理论在先进科学研究中的力量很难公平对待。

举两个例子就足够了。

一、通常认为星球受阻于它们自身辐射的回压而降低速度,按照这个观点,由于星球向前运动,所放出的辐射更多地堆积在星球前方,后方的辐射很稀薄。由于辐射施加压力,前表面受到的压力将超过后表面所受的压力,因此,就产生了阻止星球的力,倾向于使星球逐渐静止。在星系运动的研究中,这种效果可以说是极其重要的,表明平均来说,古老的星球必然要比年轻的星球的速度低些——这一结论与观察结果相反。

但是根据相对论,所谓"达到静止"没有任何意义,相对于一个体系速度的减少即是相对于另一个体系速度的增加。星球既不会达到绝对的速度,也不会达到绝对的静止。因此,这种说法可以作为谬误当即摒弃。

二、放射性物质所发射出的β粒子,是以不比光速低多少的速度运动的。实验表明这种高速运动的电子的质量比静止电子的质量高得多。相对论预言了这种质量增加,并给出了质量依赖于速度的公式。质量增加的唯一原因在于,根据定义,质量是依赖于相对长度和时间的相对量这一事实。

我们以它自身的观点来看β粒子。它是一个与任何其他电子都没有可见的差异的普通电子,但它是以非常高的速度在运动吗?那电子说:"不,那是你的观点。我惊愕地想象你们以每秒100000英里的巨大速度从我边上呼啸而过,我想知道运动这么快是个什么感觉?但这不是我的事。"所以,在静止中沾沾自喜地考虑自身的β粒子毫不注意我们的行动,而对其自身安排了通常的质量、半径及电荷,这个质量正是一个电子的标准质量 9×10^{28} 克。但是质量和半径都是相对量。对此情形,它们的参照系显然就是适用于沉迷在自我想象的电子的坐标系,即电子处于静止状态的坐标系。但是当我们说到质量时,我们是相对于我们处于静止状态的坐标系。通过四维世界的几何关系，我们能够得到两个不同坐标系下质量变化的公式，它是长度和时间计算变化的结果。我们实际上发现，质量增加和长度缩短具有相同的比例（菲茨杰拉德因子），我们观察到的电子质量增加，是由于从电子自身的坐标系和我们自身的坐标系之间计算的变化导致的。

所有的电子按照它们的观点都相似，明显的差异来自于将它们整合到我们参考系，而我们的参考系与它们的结构无关。我们对它们质量的计算值要高于它们自己的计算值，这个计算值随着我们各自的坐标系的不同——即我们之间的相对速度不同而增加。

我们列举这些结果，并非表明或确定相对论的真实性，而是为了说明相对论的应用，这些结果可从麦克斯韦的经典电磁理论结合有关电子表面所处条件的特定假设（在第二问题里）导出。但是要认识新理论（相对论）的长处，我们不仅必须要考察应该能推导出什么，还必须考察所推导出来的是什么。历史的事实是关于第一个问题，经典理论的结论是错误的，一个重要的补偿因子给漏掉了，关于第二个问题的结论（在经过许多错误后）在数学上是完全正确的。但是因为那个结果是从电子的电磁方程式推导出的，由此可以设想该结果依赖于电子是一个电子结构这一事实。据信理论结果与观测结果一致，由此证实了有关电子是纯粹的电结构而不是任何其他东西的假设。上述处理我们并没有参考电子的任何电性质，业已发现这个现象是唯一地由于质量的相对性所产生的，因此，尽管存在其他一些好的理由使得我们相信一个电子仅由负电组成，但它们都无以提供质量随速度增加的证据。

小结

本章将空间体系多样性的观念扩展为空间和时间体系的多样性，

被称为空间体系的空间内的位置体系,只是空间和时间里事件位置的一个更为完备的体系的一部分。大自然并没有给出任何明示,说这些体系中的哪一个比其他的体系更优先。我们身处其中相对地静止的、特别的体系,相对于我们有一个其他体系所不具备的对称性。因此,我们转到常用的假设,即这个特别体系是唯一合理和适当的体系。但是现在应当抛弃这个以自我为中心的见解,应该在同等基础上对待所有的体系。将时间和空间一并考虑,我们便能够理解体系的多样性是如何发生的。它们对应于事件的四维世界的断面的不同方向,这些断面就是"世界范围的瞬间"。并存(现在)被看成是相对的,绝对并存的否定与绝对速度的否定密切相关。绝对速度的知识使我们能够确信过去或将来的特定事件在"此地"而非"此刻"发生,绝对并存的知识可以告诉我们某些事件在"此刻"而非"此地"发生。摒弃这些人为的断面,我们就瞥见了在沙漏图腾计划之后组织粒飞散和交错的绝对世界结构。我们通过参考该结构来辨别事件的空间类型和时间类型隔开的区别——一种对我们认为空间和时间是根本不同的本能感觉进行辩护和解释的区别。新的概念对实际物理问题的许多重要的应用太过专业而不能在本书讨论,比较简单的应用之一,是确定物体的物理性质随快速运动的变化,由于运动能够同样恰当地描述为我们自身相对于物体的运动,或者物体相对于我们自身的运动,因此它不能影响物体的绝对行为。长度、质量、电磁场、振动周期等的显变化,仅仅是从物体处于静止的体系转到观察者处于静止的体系时所导入的计算值的变化,至此,就容易地计算任何这些量的变化的公式,由此也就确定了体系的几何关系。

第四章
宇宙的静止

洗牌

现代物理世界的观点并不全都是由近 25 年所产生的概念构成的,我们现在不得不处理产生于 19 世纪早期、自玻尔兹曼(Boltzmann)时代以来没有发生根本变化的一组观念,如今这些观念显现出巨大的活力和发展。这个主题在这一阶段是相关的,因为它影响到时间问题的深层观点。但是这在物理理论里是至为根本的,所以我们迟早必然要在任何全面的探究里涉及它们。

如果从制造商送来的纸牌中取出一沓,并花几分钟洗牌,这样所有原来的系统顺序的痕迹便消失了。不管你们把牌洗多久,原来的顺序也绝不会再现。做过的事情就不能撤销,也即,引入随机因素代替了整齐地排列。

即便不完美的举例说明也可能有益,因此我在这里简明阐述两点,这两点影响有关的说明，而非我们计划中的应用。其一，纸牌搅混后就不能被恢复基本上不正确，如果高兴，你们可以把纸牌整理成它们原来的顺序。但考虑到发生于物理世界里的搅混时，我们不会被如你一样的解围者所困扰。我并没准备说我们将要达到的结论是怎样远地束缚着人类的心灵，因此我把你们排除——至少我把你们在整理纸牌时所使用的心理活动排除。我之所以允许你们洗牌，是因为你们能够心不在焉地洗牌的缘故。

其二，说原来的顺序决不再现也不完全正确，某一天会发现完全混乱的一组纸牌回复到它原来的顺序，这就是巧夺天工了，那样的原因是因为这一组纸牌数相对很少。在我们的应用中，因事件数目庞大，所以可以忽略这种偶然性。

下面我们继续我们的内容——

任何事情一旦发生，就不能撤销，通常可将其还原为随机因素的引入，这一点与洗牌过程相似。

洗牌是"自然"所不能撤销的唯一的事件。

当汉普特·丹普特（Humpty Dumpty）①重重坠落时——

国王所有的马和国王所有的人

都不能够把汉普特·丹普特[同上]重新组合到一起。

业已发生的某些事情不能被撤销，坠落是能够取消的，不必劳烦国王的马和国王的人，如果下面设置了一个完全的弹性的垫子就足够了。在坠落最后时刻，汉普特·丹普特具有了动能，而且方向合适的话，该动能恰好足以将他再弹回墙上。但是，如果弹性的垫子不存在，那么在坠落末端将发生不可撤销的事件——亦即，有一个随机因素进入了汉

---

① Humpty Dumpty 为著名婴孩谜语中之英雄，对此谜语之答词通常为"一只蛋"。"蛋"的意思，蛋在断崖之上孵化时掉下来了，就算聚集了国王所有的马，就算聚集了国王所有的臣子，蛋也不能再恢复原来的样子，出自童话故事。

普特·丹普特。

但是,我们为什么假设洗牌是唯一一个不能被撤销的过程呢?

"动着的手指"书写,而且,已经在继续了,

继续运动;

纵使以你所有的"虔诚"和"智慧",

也不能诱使它后退撤销半行。

在没有洗牌时,运动着的手指就停下来了吗?物理学毫不迟疑地给出了肯定的答复。要对此做判断,我们必须检视自然那些操作可能发生而不会出现随机因素增加。这要分成两类:第一,我们能够研究控制单个单位行为的"自然"法则,显然,在这些问题里不会发生洗牌现象,你们不能把黑桃 A(Spades)从一组牌中取出而对它洗牌;第二,我们能够研究业已完全混合而没有余地再增加随机因素的多张纸牌的"自然"的过程。如果我们的论点正确,那么对这两种情形的任何状态都能够撤销,我们即可考察第一种情形,第二种情形要放在本章后面考察。

对于可视为单个单位的物体的任何变化均能够撤销,"自然"法则承认它,撤销与产生同样容易。地球沿轨道运行受运动法则和重力法则支配,这些法则规定了地球的实际运动,但它们也精确规定了反向的运动。在同一力场内,地球能够回溯其轨迹,仅仅依赖于它如何出发。说我们没有权利把出发当作问题不重要的部分排除,这可以反对。出发与支配它随后的运动的法则一样,是"自然"连续计划的一部分。确实,天文学家具有说明为什么大个星球都同样地绕着太阳运行的理论,但是那是八大星球的问题,而不是单独一个星球的问题——是一组纸牌的问题,而不是孤立的纸牌的问题。如果把地球的运动看成一个孤立的问题来处理,那么没有人能够梦想到在"自然"法则里加入,要求它必须这样转而不是相反的条款。

在电磁场里,也存在同样的运动可逆性,原子物理学能够给出另一个例证。量子原理承认从一个原子可以辐射出某种一定剂量的光,这些原理也承认同一种类和剂量的光的吸收,亦即放射撤销。我很抱歉没有足够多的说明性例子,必须谨记,物体的许多性质,例如温度与构成物质的众多相互分割的原子有关,由此,控制温度的原理不能被视为控制单个个体行为的法则。

参考时间可以支配个体的法则所具有的共同性质阐述的更清楚:从过去推移到未来的特定的状态序列是一个事件"行为",从未来推移到过去的同样序列事件的"反行为"——即"撤销",在后一种情形下,我们把次序颠倒了,以便我们能够按照习惯的过去—未来方式来观察。因此,如果"自然"法则与事件的"行为"及"反行为"没有不同,那么它们在时间方向上对从过去到将来也应该没有不同。这就是它们的共同特征,这一点在表达成(一般的)数学公式时便会即刻显现出来。过去和未来之间的区别并不比左右之间的差别大,在代数符号里,左是$-X$,右是$+X$;过去是$-t$,将来是$+t$。这对于控制非复合的个体的行为的一切"自然"法则都适用,我们把这些法则称为"基本法则"。仅有一条"自然"法则——热力学第二定律——对过去和未来之间的区别认识,比加号和减号的区别更深刻。它远离其他法则索然独居。但是这个定律不能用于单个个体的行为,后面我们就会看到,它的主题是群体中的随机因素。

不管物理学基本法则怎样说,对普通的经验而言,过去和未来之间的差别显然与左右之间的差别的类别是不同的。在普拉特纳故事中,威尔斯描述了人是如何迷失到第四维空间,等返回时发生了左右互换。但是我们注意到这种互换不是故事的主题,它只不过对逼真的冒险给予一个确定的细节。这种变化本身太过渺小,即便威尔斯先生也不能从它编出一个罗曼蒂克故事来,但是如果那个人回来是把过去和未来互换了,那种情形确实要动人的多。威尔斯先生在"时间机器"中和刘易斯·卡洛尔在"塞利佛和布鲁诺"里面,给我们描述了时间倒流时所发生的无稽事件的一瞥。如果空间是"完全颠倒的",世界仍然有意义。但是时间颠倒了,则具备了把世界大戏变成无意义的本质荒唐的滑稽闹剧。

现在物理学的基本法则个个都宣称关于时间的推移方式完全没有差异,正如你们从左或从右看这个世界一样完全没有差异。经典法则、相对论原理还有量子理论都是正确的,这并不是一个偶然的性质,在所有的概念架构里,可逆性是这些法则找到自身位置的、世界的、内在的本质,因此世界究竟有没有意义这个问题,超出了这些法则的范围。我们不得不求助于一个超级法则——热力学第二定律,赋予世界以某种意义。它开启新的知识领域,即组织行为的研究。在首次讨论时间流的方向和行为与反行为之间的区别时,已经与组织行为相关联了。

时间之矢

关于时间的重大事件便是时间的推移,但是这一点也是物理学家时不时就有意忽视的。在前一章提到的四维世界里,处于过去和未来的事件就像在地图上一样展陈于我们面前,各个事件在四维世界里处于各自的恰当的空间和时间关系,但是这并未指明,那些事件经历着"发生的程序"所描述的过程,因而它们的行为与反行为的问题就不会产生。我们在地图上看见从过去到未来和从未来到过去的路径,但是并没有指示它是单行道的路标,必须向闵可夫斯基的世界所包括的几何概念里补充一些东西,才能使它成为我们所知的世界的完整的图景。我们可能要求助意识以充满全部世界——把存在转变为发生(happening),把实在转变成生成(becoming),但首先我们注意到,这种图景所表示的完全足以代表那些自然的基本法则,我们已经知道这些基本法则对时间的方向没有差异。由于相对论的四维世界图景似乎忽视了时间的方向特性,因而有时招致了反对。这种反对基本上是没有逻辑的,因为相对论在这一点上比它之前的那些理论没有什么优劣。古典物理学家毫无怜惜地使用着一套并不承认时间方向性的法则,新的图景把这点解析得如此透彻,这使他很震惊。

在四维地图上研究组织行为就可能发现时间的方向,而无须借助任何神秘的意识之力。让我们任意画一个箭头,如果我们跟着箭头走在世界的状态中发现越来越多的随机因素,那么箭头是指向未来的,如果随机因素减少,则箭头就指向过去。这便是物理学上所知道的唯一的区别。如果我们的基本论点得以承认,即随机因素的引入是唯一不能撤销的事情,那么这种区分马上就明白了。

为了表示在空间中没有类似性质的时间的单向性,我将使用"时间之矢"这个术语。从哲学观点看来,这是一个奇异有趣的性质,我们必须注意以下方面:

(1)它能够由意识生动地认识。

(2)它被我们的推理所同等坚持,推理告诉我们,箭矢的方向的改变使得客观世界没有意义。

(3)除了针对许多个体的组织行为的研究外,它在物理科学上没出现过,在此,箭头表示随机因素逐步增加的方向。

现在我们来详细考察随机因素如何把不可逆性带进世界。当石头坠落时,它获得动能,动能的大小正好等于把石头提举到它原来的高度所需要的能量,通过适当的布置,动能能够执行这一工作。例如,如果将石头系在一根绳上,它就能够像钟摆一样交替上下,但如果石头碰到一个障碍物,它的动能就转变成热能。能量大小依然相等,但即使假使我们能够把它搜集起来并输送到一部机器中,我们也将不能用它把石头提升回去了。发生了什么事使得这个能量不再有效了？

在显微镜下来观看坠落的石头，我们能看到无数分子以相等的和平行的速度向下运动——如同一队士兵行进的有组织的运动。我们必须注意两件事情，能量与能量的组织，要回复原来的高度，石头必须在这两个方面都达到。

当石头落在弹性足够的表面上时，其运动可以反向而不破坏组织行为，每一个分子都往后转，全体分子秩序井然地撤回到出发点——

威名远播的约克公爵，

　　带着两万人马，

　　　他指挥他们上至山巅，

　　　又指挥他们下到山谷。

但历史不是那样演进的，通常在碰撞发生时，分子或多或少会遭遇随机碰撞而在各个方向反弹，它们不再能共同沿任何一个方向一致前进了，它们失掉了它们的组织行为。此后，它们继续互相碰撞，不断改变它们的运动方向，但是它们再也找不到共同的目标了。持续的"洗牌"不可能带来组织行为，因此，尽管能量大小仍然足够（假定不存在不可避免的泄漏），但它不能把石头提升回去了。要把石头复位，我们必须提供额外的能量以达到所需要的组织行为。

很不幸，在这一点上与洗牌完全不同。（除了魔术师）没有人能够把两堆错乱的牌投进帽子，然后取出一堆处于原来顺序的牌和一堆完全弄混的牌。但是我们能够也确实把部分混乱的能量送入蒸汽机，再从中取出一部分大量物体运动所产生的充分组织的能量和一部分处于更混乱状态的热能。能量的组织是可变的，混乱或随机性亦然，混乱不会永久地与其首先出现的特定的能量储存关联，而可以传播到其他地方。在此，我们不考察为何在能量混合与物体混合之间有区别这个问题，但是在应用类推来计算这个差别时必须小心。关于热能，温度是组织度的度量,温度越低,混乱程度就越低。①

巧合

  机缘巧合的话,会出现这样的事情,即偶然性会通过显示一些看起来极其不像偶然性的状况欺骗我们,特别是偶然性可能模仿组织性。另一方面,我们将组织性视为偶然性的反面,或如我们所称呼它的"随机性",但这对我们前面结论的威胁不太严重——数量意味着安全。

  假定你有一个被隔板分成两半的容器,一部分含有空气,另一半是真空。你移走隔板,此刻,所有的空气分子均处于容器的一半体积里,几分之一秒后,空气便扩散到全部容器并随后保持这一状态。分子将不能回到容器的一半体积了,分子扩散无法撤销——除非在这个问题里引入其他物质作为混乱的替罪羊并随机因素转到其他地方。这件事能够用来作为区别过去时间和未来时间的标准,如果你们首先观察到分子在容器中扩散(如您所见的),一瞬间后所有分子却完全在容器的一半体积里——那么你们的意识发生倒转了,你们最好去看看医生。

  现在每个分子都在容器里徘徊,没有一个部分比其他部分优先。平均而言,分子在两个部分的时间各占一半。存在这样一个弱的可能性,即某一瞬间所有的分子都可能处在容器的某一半里。如果 n 是分子的数目(大约有千万亿个),那你们就容易计算发生此事发生的机会是 $(\frac{1}{2})^n$。我们之所以忽略这个机会,可以从经典的说明看出。如果让我的指头漫无目的地在打字机的按键上面移动,那么我的长篇大论就可能变成一段明白易懂的话语。如果一队猿猴在许多打字机上乱按一气,他们有可能写出大英博物馆里所有的书籍,它们这样做的机会肯定

---

①原文为越高。——译者注

地比分子恢复到容器一半的机会要更多。

当数目变大时,偶然性就是确定性最好的保证。所幸,在分子和总体能量及辐射的研究中,我们不得不处理非常大的数目而获得确定性,而这个确定性常常不能满足诌媚于善变的女神的期待。

在某种意义上,分子回到一半容器的机会,是极其微小的,根本不值得考虑。但是在科学上,我们必须重视它,因为它是对我们偶然移除隔板所造成的不可逆的后果的度量,即使我们有充足的理由要求把气体来填充容器,也不必抛弃组织性。如前所述,它是可以变通的并且可能传递到用得着它的其他地方。①当气体释放并开始在容器内扩散时,比如说自左向右扩散,不存在随机因素的立即增加。为了自左向右扩散,分子自左向右的速度必然要占优势,即处于部分有组织运动,于是位置的组织性被运动的组织性所代替。片刻之后,分子开始撞击容器更远那个壁面,随机因素便开始增加。在这种状态被破坏之前,自左向右的分子速度的组织性在数值上精确地与空间组织性的减少相当。在这一点上,我们看到,对抗偶发的自左向右的速度优势的机会,与对抗一半容器里偶发的分离的机会是相同的。

在此所说的机会是一个天文数字—若表示成普通十进制数字,是一个能把全世界所有书都写满几遍的的数字。我们对把这个数字作为实际的偶然性没有兴趣,而是对它是个有限的数感兴趣,它把"组织性"从模糊的描述性词语提高到精确科学能够度量的一个数量。我们碰到过许多种组织,列队整齐前进并非唯一的组织化的运动,舞台合唱团的有组织演出与声波本质上相似。现在能够对所有形式的组织采用共同的度量了,任何组织性的丧失由对抗偶发事件恢复的机会来度量。把机会看成偶发事件是荒唐的,准确地说它是一种度量。

---

①如果扩张中的气体用于推动活塞,空间的组织性将转变为活塞运动。

对混乱度的实际度量被称为熵。宇宙之中，熵只会增加而绝不会减少。熵的度量与前段最后一句话所说的机会度量是相同的，仅需要把不能控制的巨大数目的物理（通过一个简单公式）转变为更便捷的计量标度，熵持续增加。我们能够通过把世界的各部分隔离，并在问题中设定极为理想化的条件，来捕捉熵的增加，但我们不能使熵减少。那将涉及比违反一条普通自然法则还要糟糕的事情，即不可能的巧合。我想，熵增原理——热力学第二定律——在"自然"法则中具有至高无上的位置。如果有人向你指出，那些你们喜爱的宇宙的理论与麦克斯韦方程不一致，那么麦克斯韦方程就非常不对了；如果发现它与观测相矛盾，那么显然地，这些实验家有时候搞错了事实。但是，若发现你的宇宙理论与热力学第二定律相反，那么我觉得就没有希望了，没有什么好说的，只有最耻辱地倒下去。如此尊重热力学第二定律并非没有道理，我们还有其他强烈坚信的法则，我们觉得，违反它们的假设是极其不可能的。但是不可能性模糊不清，也不是作为数字的阵列而使我们为难，因而反对违反第二定律的机会（即反对混乱度降低的机会）是无法抗拒的。

我希望我能够把熵的概念在科学研究上的神奇力量传递给你们，根据熵必须始终增长这个性质，已经发现了测量熵的方法，来自这个简单法则的推理链几乎是无限的。从关于理论物理学最深奥的问题，到工程师的实际的工作的关联等，它都同样成功，它的独特的特点在于所得的结论与进行中的微观过程的性质无关。它不涉及个体的性质，仅当个体是群体中一员时才会被关注。因此，该方法能够应用于那些我们的无知刚刚开始掀开一角的不同的研究领域。我们毫不迟疑地把它应用于量子理论问题，尽管单个量子过程的机理并不知道，而且在现今还不可想象。

基本法则及辅助法则

我已把控制单个个体行为的法则称为"基本法则",这就暗示着热力学第二定律,尽管也是已知的"自然"法则,但某种意义上是辅助法则。我们现在能够把这种区别放置在正规的基础上,某些事情绝不会在物理世界发生,因为它们不可能发生;另外一些事情是因为它们发生的概率太低。不允许第一类事情发生的法则是基本法则,不允许第二类事情发生的法则是辅助法则。几乎所有物理学家[①]确信,在每件事情的根源上,都有一个以铁律控制着世界的每一个微粒或组成的命运的基本法则的完整的体系。基本体系是完全自适的,原因在于它把世界每一个组成的历史固定下来,从而固定了全部世界历史。

但尽管完整,基本法则也回答不了我们希望了解的有关"自然"的每一个问题。宇宙能够反着,即与我们自己的系统反向演变吗?与时间的方向无关的基本法则应声答道:"是的,那不是不可能。"辅助法则答道:"不,概率太低。"两种回答实际上并不矛盾,但是第一种回答虽说真实,但毋宁说它不得要领。这是一些典型的普通问题,如果我把这个长柄深锅的水放在这个火上,水会沸腾吗? 如果给以机会,基本法则能够给出确定的答复。但是必须要理解,若"这个"翻译成数学,则意指数万亿粒子和能量元素的位置、运动等等的规定。所以实际上所回答的问题不完全是所问的那个问题:如果我把主要特点类似于这个锅的一个锅放在一个火上,水会沸腾吗? 基本法则答道:"它可能沸腾,可能凝固,它可能做任何事情,所给出的细节不足以把任何结果视为不可能而排除。"辅助法则淡然地答道:"它会沸腾,原因在于它除了沸腾以外,任何其他结果都概率太低。"辅助法则和基本法则并不矛盾,我们也不能

[①] 然而,除了我自己,最近也有其他的人开始怀疑。

把它视为完成一个自身早已完备的法则体系的必要条件,它得自于我们与自然的奥秘同行的目的的不同(更为实际的)的概念。

热力学第二定律和其他的统计法则是否是从基本法则得到的数学推导,以便于利用的形式表示它们的结果?这个问题很难回答。但我想通常认为存在一个不可逾越的鸿沟。在辅助法则所解决的所有问题的下面,存在一个难以捉摸的概念——"世界状态的先验性概率",它涉及对知识的态度,与对预先假定的基本法则体系的构造的根本不同的态度。

热力学平衡

时间的推移将更多的随机因素导入世界的构成中。今天的物理宇宙的偶然性比明日的偶然性少,令人惊奇的是,在这一极其重视实际的物理学分支里,其发展主要是由于对工程人员的重要性,我们也几乎不可避免地用技术语言来表达我们的观点。我们承认世界包括机会和目的两个方面,或者无论如何都包括机会与机会的对立,这个机会的对立被熵的测量方法所加强。我们对组织性或非随机性给予一个度量,其正比于我们对机会来源不相信的程度。"原子的偶然的集群"——神学家的妖怪,在传统的物理学中占据着丝毫无害的地位。物理学家熟知它是非常贵重的珍品,它的性质很独特,一般说来与物理世界的那些性质不同。用科学的名词来表示,原子的偶然的集群,就是"热力学平衡"。

热力学平衡是我们说过要考察的另外一种情形,该情形下不会发生随机因素的增加,也即体系已经达到尽可能的混乱了。我们必须把宇宙的一个区域隔绝,将其设置成既没有能量进入也没有能量离开,或者至少设置成任意边界效应都得到了精确的补偿。这些条件都是理想化的,但它们都能足够相近地得到重复,把理想的问题和实际的实验相关联。星球内部深处是热力学平衡的近似完美的例子,在这种隔绝条件下,能量在物质和以太之间往复传递而被不断分布,很快能量分布就完成了。

完全搅混的可能性具有重大意义,如洗完牌后,你们把一张张的纸牌撕为两半,进一步对两堆半边纸牌进行洗牌是可能的。把纸牌一直撕下去;每撕一次,随机因素(混乱度)的范围进一步增加,无限地分割下去,混乱度也就没有止境。实验中快速达到确定的平衡状态这一事实表明,能量并未无限分割,或者至少没有在混合的自然过程中被无限分割,只从历史角度看,这是由量子理论首先引出的结果。在稍后一章,我们将再回到这个问题。

在平衡状态下我们便失掉了时间之矢,你们还记得吧,时间箭头指向随机因素增加的方向,在随机因素达到极限而成为稳定状态时,时间之矢就不知指向何方了。这并不是说该状态下与时间无关,而是此时原子的振动就如同小钟一样,根据振动情况我们能够测定速度与持续时间。时光依旧,岁月如常,只不过时间丧失了方向性,它像空间一样延伸,但却不再"往前"。

由此就引出了一个重要的疑问:用前述的概率准则来度量的随机因素是否是物理世界唯一能够给时间以方向性的性质? 迄今,我们的结论是,孤立的个体的行为不能发现方向性,但是在群体(行为)的性质中存在需要深入探察的领域,那超出了熵所能表示的性质。来看一个说明,它可能不如它听起来那么神奇:随着时光前行,(按照一般公认的审美标准)难道群体不是越变越美吗?[①]这个疑问能够由另外一条重要"自然"法则解答。该法则规定:

在一个系统的统计中,若熵不能辨别一个方向,则无物可以辨别时间的方向。

[①] 在万花筒里,混合很快就完全了。所有的分布形式都均等类似于随机因素。但是在美观方面就差异巨大。

我想,虽然这条法则在最近几年才发现,但其真实性毋庸置疑。所有的近代原子和辐射的研究中都把其视为基本原理,这条法则在相关的研究已被证实是取得进展的最为有力的武器之一。当然了,它是一个辅助法则,看来似乎不能严格地从热力学第二定律推导得到,所以恐怕不得不把它看作一个附加的辅助法则。

结论如下:尽管除熵以外的其他统计性质或许可用于辨别时间之矢,但也只有在熵成功时它们才能成功,若熵失败了,它们也就失败了,因此它们不能作为独立的测度。只要在物理学范围内,时间之矢仅与熵有关。

在上面的叙述中,这个法则是非常隐晦的,鉴此我必须向程度高的读者说明,我正要提到"精细平衡原理"。这个原理确定,对于各类过程(但是要极其详细说明的),都有一个逆过程,而且对于热力学平衡,正过程与逆过程的发生情况相同,因此过程的每一统计计算不随时间方向的反转而改变,即正向和逆向过程可互换。因此,当处于热力学平衡时,不可能存在时间方向的统计准则,即熵稳定不变了,熵不再指示时间的方向。

空间和时间是无限的吗

我想,每个人有些时候都要以这样的问题来搅扰他的想象力:空间有尽头吗?如果空间有尽头,那么尽头之外又是什么?另一方面的观念是,空间没有尽头,但是空间之外依然是空间又是不能想象的,因此想象总是在两难之间摇摆。在相对论以前,正统的见解是空间是无限的,没有人能够想象无限的空间。我们不得不满意地承认,在物理世界中有一个不能想象的概念——虽然不安稳,但也并非不符合逻辑。如今,爱因斯坦的理论提供了走出两难的道路。空间是无限吗?或者它要走到尽头？都不是。空间有限，但无尽头，"有限无边际"是通用的说法。

无限的空间，任何人都不能想象。有限但无边际的空间，想象起来有困难但并非不能想象。我并不期望你们能想象它，但是你们可以尝试。首先设想一个圆，或者毋宁说不是圆而是形成圆周的线，这是一条有限但没有尽头的线。其次设想一个球——球的表面，也是有限而无边际的区域。地球的表面也从未到过边际，在你们所到达的地点之外总有另外的国度，而完全相同的是地球的空间也不是无限的。现在更多地考察一维物体，圆、球稍后再说。能否想象？现在遇到真正的困难了。紧紧地握住这个超球的表面而想象其全然不存在的内部——即表面存在但无内容。那就是有限而无边际的空间。

然而，我想你们并未很好地掌握这个概念，你们恰巧在最后失去了平衡。真正的困难并不在于引入更多的维度，而是最后把维度抽走。我将告诉你们，妨碍你们理解的是什么。你们正在应用起源于千百万年以前、已根深蒂固地扎根在人的思想中的空间的概念，但是物理空间不应该受一只富于进取的类人猿在黎明来临前心中所创造的概念支配。空间不一定与这个概念相似，而是与我们实验中的任何发现相似。如今，我们从实验发现的空间特性都是广度，即长度和距离。因此空间恰似一个距离的网络，距离是其固有性不可测的连接。当我们把二码（1码＝0.9144米）、五英里等测量数字作为编码差别用于距离时，我们并不否认其不可测性。我们不能由内心的意识预测编码在距离网络上不同连接之间分布的那些法则，一如我们不能预测电磁力编码是如何分布的，二者都应由实验确定。

如果我们在宇宙中沿某个方向走了很长的距离到达 A 点，并沿反方向走了很长的距离到达 B 点。那么我们相信在 A 和 B 之间存在一个被很小的编码数所指示的联结，换言之，沿反方向经过长距离运动所到达的这两个点可由实验证实靠得很近。为什么不呢？当我们在地球上向东运动和向西运动时就会如此。确实,我们传统的僵化的空间概念不承认这一点,不是曾有过有关地球的传统概念拒绝承认环球航行吗？在我们讲述球状空间的概念之际,困难之处在于打破这个超球的内部而只保留它的三维表面。当我们把空间想象成距离网络时,我想那样做并不会困难。位于表面上的网络由一个自持联结系统构成,不牵涉外部的连接。我们可把帮助我们理解这种距离网络概念的建筑基础除去,而不危及这个概念。

我们必须充分了解,把各点相互联结的不可测关系分布的体系,并不是必须依照任何特殊预想的方案,因此对于实验所揭示的任何体系都不存在障碍。

但是我们依然不知道球空间的半径,当然了,与通常的标准相较,它必然是极其巨大的。根据不十分确实的证据,估计它并不比已知的最远的星云的距离大许多倍。但是无边际与大没有任何关联,空间的无边际表现为其凹陷的形状,而非大的广度。"有"是漂泊在"没有"的无限之中的一个外壳,我们将如哈姆雷特一样说:"我能够封闭在胡桃壳里面,把我自己看作无限空间之王。"

但是无限这个梦魇在涉及时间时依然存在。世界封闭在它的球状空间维度里,但在时间维度上两端都是开口的。空间存在一种弯曲使得"东"最终变成"西",但是时间上不存在使"前"最后变成"后"的弯曲。

我并不确定我有逻辑性,但我并不感到无限的未来时间的困难有多严重。关于 A.D. ∞ 的困难,直至我们到达 A.D. ∞ 的时候才会发生。可以推测,为要到达 A.D. ∞,必须首先已经克服了这个困难。还应该注意,按照热力学第二定律,整个宇宙将在未来某个不是无限远的时间达到热力学平衡。届时,时间之矢将完全消失,向将来前行的全部概念也随之消失。

但是一个无限过去的困难却是令人震惊的,很难想象我们是无限的时间的继承人,同样不可想象的是曾经有过一个瞬间,之前没有其他瞬间。

这个时间开端的困难,如果不是被横在我们与无限过去之间的另一个占优势的困难拒之门外,对我们将更加麻烦。我们研究过宇宙的坍塌过程(若将宇宙视为时钟则便是发条松弛的过程),如果我们的见解是对的,那么在时间起点与现在之间的某个时刻,我们必须给宇宙拧紧发条。

返回到过去,我们会发现宇宙越来越有组织性。如果更早没有什么阻碍,我们必然会到达一个时刻,此时宇宙的能量处于完全有组织状态,其中不存在任何随机因素。在现有自然法则体系下,不可能返回过去走得更远。我想"完全组织(有序)"一词没有疑义,我们所讨论的组织性(有序)是有准确定义的,其极限就是变得完美,不存在无限的一级高过一级的一系列组织状态。我想也不存在最终越来越慢地到达的极限状态,完全的组织(有序)与不完全的组织(有序)都同样不能免于组织性的丧失。

毫无疑问,过去四分之三世纪里所保持的物理学体系假定了一个日期:在这个日期,或者是在高度组织化的状态里创造出宇宙的所有实体,或者以前存在的所有实体被注入这种组织性。此前,它们一直随处游荡着。此外,无可否认,这种组织性(有序)是随机性的否定,不可能偶然发生。

长期以来,这常被用来反对一种过于攻击性的实利主义,它被引用,作为创造者在某个距离今天不太遥远的时间点介入宇宙的科学证据。但是,我不主张我们急于从中得到结论,科学家和神学家都同样地不得不把现在在每一本热力学教科书里找得到的、朴素的(经过适当修饰的)神学教义,即数十亿年以前上帝给这个物质的宇宙拧上发条并任其随后听天由命,认为有几分粗野。与其把它看作信仰的宣示,不如看作热力学的有用的假设。这是我们不能从中看到逻辑退路的结论之一——它只是忍受着它的难以置信的弱点的痛苦。作为一个科学家,我简直不相信事物现在的秩序会从一声巨响中开始,从非科学的方面来说,我感觉同样不愿意接受神性中所暗示的非连续性,然而我又不能提出避免僵局的建议。

再转到时间的另一端。有一个思想流派认为世界在逐渐消耗,这是一个令人生厌的观点。这一派思想被各种返老还童的学说所吸引,它的福星便是凤凰,星球变冷并死寂。难道两个死寂的星球不能碰撞,由撞击的能量转变成炽热的气体并从中产生新的太阳——以及星球和生命吗?这种学说在19世纪占据优势,现在天文学家已不再郑重考虑了。有证据表明现存的星球无论如何运动都是扫过原始物质且使之集聚的演化过程的产物,它们并不是由相互之间时间关系的偶然的碰撞单独形成的,但是凤凰情结至今依然流行。我们相信物质是逐步破坏,物质的能量以辐射形式放出,是否存在反过程,通过它在空间收集辐射并演变成电子和质子,再行开始星球的构造呢?这只是单纯的猜测,对其真实性实在不好多说,但我想平心静气地批判那些希望它是真实的心理态度。无论我们把"自然"的小小的浪费消灭多少,我们也不能通过这些理论使由于组织性丧失、随机因素增加而引起的不可阻挡的世界的静止过程停顿。无论是谁,只要他希望宇宙能在运动中无限地延续,就必须领导一支十字军来打破热力学第二定律。物质因辐射而重新形成的可能性并不是关键的问题,所以我们可以默默地等待结论。

如今,我们看到任何对热力学第二定律的攻击都不成功,我也承认,就个人说来,我对那些能够成功逆转宇宙最终的静止说法,不抱太大期望——我不是凤凰的崇拜者。科学对这一话题缄默不语,一个人所说的一切都是偏见,但是由于支持物质与世界再生的永无止境轮回的偏见经常被提起,所以或许我要提议反对这个偏见。宇宙成就某项伟大的进化计划,以及在成就了应该成就的之后,陷入回到混乱无变化的状态中去,我对这种说法的感觉,比起宇宙的目的被不断地重复所陈腐化的说法来,要满意得多。我是一个进化论者,不是一个繁殖主义者。不停地重复做同样的事情看起来尤其愚蠢。

第五章
生成

熵与生成的联结

当你自言自语"每一天我都变得更好"时,科学粗卢答道——

"我看不到任何迹象,我看你如同一条在'空间—时间'中伸展的四维蠕虫。虽然严格说来,善良不在我的范围之内,但我要承认你的这一端比另一端要更好。但是不管变好变坏,都看我支持你的方向来定。在你的意识内有一个成长或'生成'的观念存在,如果它不是幻影的话,就暗示你拥有一张"此面朝上"的标签。我寻遍物理世界想找到它,也未能发现踪迹,所以我强烈怀疑这个标签在现实世界不存在。"

这便是包含在基本法则中科学的回答。若考虑辅助法则,回答要略作修改,然而还是一点也不优雅——

"我又观察了一下,在研究一种叫熵的性质的过程中,我发现物理世界是由一个可能倾向于指示应该注意的方向的箭矢来标识。沿着箭头方向,我发现你实际上成长得更好,或者更精确地说,好的一端是在熵最大的这一部分世界里,不好的一端是在熵最小的那一部分世界里。为什么这种安排比起你的邻居的安排(他的安排是好的一端与坏的一端完全是反方向的)被认为更可行,我不能想象。"

这里在我们面前就引发了物理的符号世界与日常经验世界的连接的问题。如本书绪论所解释的,连接问题,在严格的物理研究结束时依然存在。我们现在的问题,是要了解在符号世界中提供时间之矢的熵与在日常经验世界中时间之矢,所解释的成长或生成的经验之间的连接问题。我想我们在前章已充分地表明,前者对于后者是唯一的科学对应物。

但是,在把熵变处理成我们心里所熟悉的时间推移的符号表达时,会发生两方面的困难:第一个困难,是那个符号看来不具备合适的性质,它是一个精巧的数学构造,而我们却期待它能是"生成"那样的基本概念,是那些基本的不能定义的量之一——物理学的基础。第二个困难,该符号看来并不完全是所要的东西,我们需要的是很难用普通标度体系的一个符号所能传达的一个意义——即对客观"自然"中运动性质的认识。我们并不仅仅是认识到世界的一端比其他一端随机性更强,而"把我们的感觉强加给世界",我们必须把"生成"的真正的意味而不是把一个人工的符号替代物注入世界。

熵变与"生成"的联结关系,表明它与平行的科学的世界和日常经验的世界的一切其他问题不同的特色。两者间的普遍化关系可由颜色及其科学等电磁波长的熟知的认识来说明。在此,在基本的物理学原因与由它引发的精神感受之间不存在相似性问题。我们所能够要求的颜色的符号对应物,是它能够胜任扣动(符号)神经的扳机。生理学家能够追溯到达大脑的神经机制,但最终出现了一个缝隙,没有人敢说能弥补这个裂缝。从符号上来说,我们可以追踪物理世界的影响到达心灵之门,那些影响按按门铃便离开了。

但是,"生成"与熵变的联系不能这样理解。世界的随机因素的变化将在神经末端传导一个脉冲,使得心灵创造出一个关于它在转动电影机转轴的想象以回应这个刺激,这显然是不充分的。除非我们完全误读了我们外部世界的意义——采用进化和进步等术语而不是静态的延展来解释这个意义,我们必须把"生成"的感觉视为(至少在某些方面)决定它的物理条件的真实的精神洞察。不管我们是处理"生成"的体验,或者处理光、声、味等更为典型的感觉体验,非常真确的是,始终必须存在某些点,在物理实体穿着新装出现在我们心灵的地平线之前,我们会在那些点上看不到这些物理实体。但是,如果能够获得这样的体验,即这种精神认识的奥秘能够解释为洞察而非想象的构造,那么,它就应该是"生成"的体验了,因为在这种情形下,精巧的神经机制不会介入。在意识感到正在过去的瞬间时所读出的东西恰巧位于意识之外,然而,即使我们有理由把我们的活生生的颜色的印象看作洞察,也洞察不到电磁波,因为这些印象停留在视网膜上,与意识还相隔甚远。

我深恐普通的读者,对于我将要做的有关客观世界运动特性的又长又拗口的讨论要感到不耐烦:这烦人的一切到底是关于什么的?为什么不即刻假设"生成"是一种在"自然"构造中根本包含的单向结构?心灵是这种结构的认知(正如它是物理世界的其他特色的认知一样),把结构理解成时间的推移——它的实际性质的很正确的认知。作为这种单向结构的结果,随机因素在组织粒子的方向上稳步增加,由此很方便地给物理学家提供了一个实验准则来确定组织粒子的路径。但是,正是组织粒子本身而非组织粒子的结果是"生成"的直接的物理学对应物。要找到这个假说的严密的证据有困难,但是归根结底,我们通常还是对立足于似是而非的假设感到满意。

事实上,这是我希望提倡的一种意见,但是"普通的读者"可能并不欣赏这一点,即在物理学家能够认承认它之前,必须面对科学方法的极限及物理法则的根基等复杂的情形。援引似是而非的假说来解释观察到的现象是一回事,援引它来赋予我们的外部世界以显著的或有目的的意义,不管那种意义在我们的意识本质中是怎样强烈地为某种东西所坚持着,这又是一回事。从科学研究方面来看,我们仅仅意识到随机因素从世界混乱度最小的一端到混乱度最大的一端的逐步的变化,就其本身,不能给出臆测任何种类的运动学意义的根据。此地所提倡的观点相当于一种认可,即通过秘密之门看外界的意识,能够通过直接的洞察学习物理测量所不能揭示的世界的根本性质。

对于想要把属于我们本性的精神体验和身体体验的领域连通的任何企图,时间都占据着关键位置。我早先提到过,时间进入到我们意识之中的两种途径:一种是通过感觉器官与物理世界的其他实体相联系,另一种是通过秘密之门直接进入意识。物理学家的探究方法是通过辅助精密仪器使得我们的感觉器官更敏锐,他自然不会善待各种形式的迷信空想都毫无遮拦地通过它进去的秘密之门,但是他是否准备将那些通过秘密之门到达我们的有关时间推移的知识舍弃,而自身满足于从所有运动性质的被削弱后的感官印象所推定的时间呢?

无疑,有些人将答复说他们是满足的。对于这些人,我将对他们说——把时间的运动的性质反转过来(如果时间的运动性质对大自然没有多重要,那你们就可以自由地这样做了),显示你们的良好的信念。正因为发生了这种变化,给出一个宇宙从混乱度高的状态转变为混乱度低的状态的图景,每个步骤都显示出非随机性逐步战胜了随机性。如果你们是生物学者,就要教我们,"自然"如何从人类及其他无数的原始生命形态中在时间的进程中演化出阿米巴的非常简单的结构。如果你们是天文学者,就要告诉我们,光波如何从空间深处匆匆而来并在星球表面聚集,复杂的太阳系是如何展开自身形成平展的星云。这就是你们希望代替创世纪第一章的光辉的景象吗？如果你们真诚地相信反进化论与进化论一样真实和同样有意义，那么应该对现在所教授的完全是一面之词的理论提出抗议的，无疑就是时间。

客观世界的运动性质

但是，为了使我们进一步确信时间的运动性质，有可能出现将"生成"视为纯粹主观性的观点——在客观世界里不存在"生成"。客观世界如同闵可夫斯基所描绘的那样被动地沿时间维度伸展，于是，我的意识便对属于不同观点的感觉印象，沿着客观世界里被四维蠕虫所占据的轨迹创造了自己的系列顺序，四维蠕虫即是有些神秘的"我自己"。把某种特殊观点的感觉加以聚焦，我便得到与它相对应的外部事件"正在发生"的幻觉，我认为这将足以解释所观察到的现象，关于这一点的反对意见胶着于客观世界不具有任何内在的运动性质这一事实上。

认识到我们最基本的一些推理是如何默认假定这种运动性质或倾向的存在是有益的，将其连根拔除差不多会使我们的推理能力瘫痪。在洗纸牌操作中，说纸牌在稍后一瞬间必然会弄得更为混乱，这似乎已然是个公理了。你们能够想象"自然"也会如此而不认为那样明显不对？我们在这里说的"稍后"究竟是什么意思？只要把结论的公理性加以考察（并不是结论的实验证明），我们便不能把"稍后"的意义用意识来判别，其自明性不会受到关于意识的行为的任何猜测的限制。那么，我们就把"稍后"的意义用时间之矢——即相应于更大的随机因素的物理准则来评判吗？但是，那也只是车轱辘话而已——混乱度越高，纸牌就越乱。我不是意指这种车轱辘话，我们无意中接受了一个在空间—时间中由过去到达未来的清晰的趋势，并把这种趋势作为我们思考这个问题时的基础，混合过程就在这个空间—时间中进行着。

问题的关键在于，虽然"整理"的变化确实与"洗牌"的变化相反，然而我们不能够整理的原因也想象成与混乱的原因相反，因此把洗牌变成整理的时间方向的反转并不会使它们的原因发生相应的变换。混合具有无机物的原因，但整理显然具有心理或本能的特点。我们不能相信，仅仅通过相对于时间方向的取向，就能把我们与无机物的性质区别开。搅乱与归整（只要涉及结构的变化）的关系就如加与减的关系一样。但是，如果要说搅乱的原因与归整的原因之间的关系也如此，就等同在说物质与心理活动的关系和加减关系一样——这肯定是毫无意义的。因此，如果我们从未来到过去观察世界，搅乱与归整也互换了，他们的原因却不能互换，由此合理的联络就断裂了。要恢复连贯性，我们不得不假设时间方向改变后必然有某种其他东西也反转了，亦即前述的世界—结构的趋势反转了，"生成"已经变成了"非生成"。如果我们想的话，我们现在可以更进一步历数一下，不光事物"生成未搅乱"，而且"未生成搅乱"——而且，如果我们愿意更进一步深究的话，我们不光要讨论原因还得讨论非原因。但是，如果我们不拘泥于言词的话，那么可以言之凿凿地说，"生成"是世界的一个结构，它的反转是非法的。

生成的客观性

一般说来，我们应该把熟悉的世界描述成主观的，把科学的世界描述成客观的。还是来看我们前面关于平行的例子，即熟悉的世界内的颜色与科学世界内的对应物的电磁波长，这里我们毫不迟疑地把电磁波描述为客观的，而颜色是主观的。电磁波是实体——或者是离我们最近的能够描述的实体，颜色只是心理转念的产物。在波的刺激下，涌入我们意识的绚丽的色彩与客观实体并不相关。对于色盲者，色彩是不同的，虽然视觉正常的人能够同样区别颜色，但是我们不能确定，他们对红色、蓝色等的意识是否正好和我们的一样。此外,我们还认识到,那些波长更长或更短的不可见光与那些可见光同样客观存在。在这个和其他平行关系中,我们在科学世界找到客观存在,在日常熟悉世界找到主观对应物。

但在熵的梯度与"生成"之间的平行关系里,主观性与客观性好像已经走到错误的方面去了。确实,"生成"是个实体——或离我们最近能够描述实在的事物。我们确信运动特征必须归属到客观世界。考虑到心理想象,我看不出"生成"的本质与现实世界有多大的差异。另一方面,坦率地说,熵比大多数的普通物理量来说是更为主观的性质,熵是排列和组织化的一个评判。同样地,猎户星座(Orion)也是主观的事件。被排列的事物是客观的,因此构成星座的星体也是客观的,但是联合体则是探查过程中心智的贡献。如果颜色是心智转念的产物,同样地,熵也是统计学家心智转念的产物,它与击球平均的客观性差不多。

虽然物理学家一般会说,我们所熟知的桌子的物质实际是空间的弯曲,它的颜色实际是电磁波长,但我想他不会说熟知的时间的推进实际是熵的梯度。我随意地引用一些话语,但是在我们对于最后平行关系的态度中已经显示出明确的差异了。既然我们确信二者之间有联系,则必然得出如下的结论,即在熵这个术语的背后依然存在某些尚未掌握的事情—如果你们高兴的话,可称之为某种不可思议的解释,它们在我们把熵导入物理学时所下的定义中尚不明显,简言之,我们尽力想搞清楚熵的梯度可能实际上是时间的推移(而非相反)。

在继续讨论之前,我应指出,这种显然处于错误世界里的主观与客观的例外现象提供了思考的食粮。它有可能为我们准备了一个科学世界的观点。这个世界将在下一章采用,比科学通常所持的客观性要主观的多。

对于熵与"生成"的联系考察的越细,我们所遇到的障碍就越大。

如果熵是物理学不能定义的基本物理量中的一个,那便没有困难了。或者,如果时间的推移是通过我们的感觉器官所认识的某种东西,那也没有困难。但是我们不得不面对的实际的结合,其困难看来好像是很独特的。

假定我们不得不把"生成"与电位梯度当成一体,而不与熵变当成一体,我们由电压计的读数得到电位,读数代表世界状态中的某些东西,但是我们对它们是什么却没有成形的刻画。在科学研究中我们利用数值——即附着于所有概念之外的背景的代码,如果我们能够把这神秘的电位与我们所熟知的任何概念相关联想必很有趣。显然,如果我们能够把电位变化与熟知的时间的推移等同起来,我们将朝着掌握它的固有性质前进了一大步。但是,从想象转到现实,我们不得不把电位梯度与力等同。现在,我们确实已经有了熟知的力的概念——即肌肉力量的感觉。但是,这并不能给予我们以任何电位梯度的固有性质的观念,这种感觉只不过是从力的位点(受力点)经过长途跋涉后的神经刺激所引发的心理转念的产物而已,这就是所有物理实体通过感觉器官影响心理的途径。居间的神经机构将阻止心理影像与物理原因之间的任何紧密的联合,即便当它有直接起作用的机会时,我们有意信任我们的心理洞察也如此。

或者假定我们不得不把力与熵的梯度等同起来,那将仅仅意味着熵的梯度是刺激神经的一个条件,由此神经向大脑传送一种刺激,心灵将由这个刺激编织它自身独特的力的印象。对于肌肉对力的感知与肌肉分子组织的变化有关这一假设,没有人会有本能地反对。

我们的难题,是不得不把我们或多或少了解的两件事情联结起来。而且,就我们对它们的了解,它们是完全不同的。假装我们对于客观世界的组织性的本质的无知,同我们对电位固有性质的无知一样,是愚蠢的。假装我们没有客观世界的"生成"的正当概念,也是愚蠢的。运动性质——使过去向未来的发展合理化,从未来向过去的发展滑稽化的意义——不得不做比扣动神经的扳机更多的事。时间已经与我们的意识结合的如此紧密,以致时间的推移也成为意识的条件。我们对"生成"有直接的洞察,它把所有的符号知识当作不完全平面上的东西一概扫到一边去了。如果我掌握了存在的观念,那是因为我本身存在的缘故,如果我掌握了"生成"的观念,那是因为我本身生成的缘故——这就是"存在"和"生成"的内部的"自我"。

显然,采用世界的微观组成的排列性质来表征这种根本性直觉是很不合适的,这个困难预示着什么依然极其模糊。但是,这与变化的特定符号并非没有关联,我们可以在有关基本和辅助法则的问题的、可靠的、科学观点中辨识出这种变化。我想,基本法则的铁律仍广为接受,但不能再说是毫无疑问的了。现在好像清楚了,我们尚未切实掌握任何基本法则——即那些曾被假定为基本性的一切法则实际上都是统计规律。无疑地,可以说那仅是一种期望。在到达最后的基础之前,我们必须做好极其漫长探究的准备,如果新的发现表明底下的深度不如预期时也并不失望。但我想也有人可能会说,已发现"自然"为了防止我们发现基本法则,采用了相当不公平的诡计——我们发现相对于以太的速度的努力如出一辙。①我相信"自然"内里是诚实的,当我们寻找那里并不存在的东西时她仅仅转而借助于这些显而易见的隐匿手段。现在除了所假想的思考的必要性以外,已很难再看到对法则的定命论的体系能够最终重建的根深蒂固的确信进行任何辩解。最近几年来,思考日渐习惯了在没有很多"要件"下进行。

人们不应感到惊奇,如果量子理论现在迫使我们重建物理体系,辅助法则成为基础而基本法则反被废弃。在重建后的世界中,没有什么

---

①参见第十章量子理论中的不确定性原理一项。

事是不可能的,虽然许多事可能性很低,其结果大抵相同,但是,我们必须设计的机械的种类都会不同。我们将进一步考察这个问题,在此我不打算再深入了。熵,作为与辅助法则关联的引入的物理量,现在说来,是以它自身的权利存在着,而不是作为被废弃的基本体系中的量的排列的当前表现而存在。在这样的权利中,熵很容易被接受作为世界运动性质的表征。我不能更为准确地表达我的意思,原因在于我所讲的仍然是一个任何人都不可能带来的思想假说的变化。

时间的二元性认识

令人称奇的另一件事是,物理学上时间与时间之矢的分裂。来自另外一个世界的人若要在我们这个世界上找到两个事件之间的时间关系,那他就不得不读取两种不同的指示器。他必须读着计时器以便知道一个事件比另外一个晚多少,他还必须读取能够测量能量的混乱度的某种装置(即温度计)以便了解哪个事件晚发生。[①]当我想起我们最好的计时器都尽可能地除去此类过程,如反映能量混乱度的摩擦,分工就显得特别重要。测量时间的仪器越精密,将会越完全地隐藏时间之矢。

这个似是而非的说法似乎在第三章的事实里解释过,即时间是通过两个途径到达我们的意识。我们把心灵描绘成一个编辑,他身处密室,通过神经接受从外界来的零碎的信息,恐怕还得加进很多编辑的虚构才能写成小说。如其它的物理量一样,时间作为外部世界的事件之间的可度量的特殊关系,也以同样的方式进入意识,但是它并未携带时

[①] 如果要在另外一个世界严格进行这一试验,他必须不能假定表盘上标记的数字必须要绕着正的方向转;他也必不假定他的意识的前进与我们世界中的时间流动有任何关系。因此,对这两个事件他只有两个表盘的读数而不知道该差异记为正还是记为负。温度计应该结合与热或冷的物体相接触来使用。两个物体在温度计上的读数差异在每个事件发生的那一瞬间得到。温度差异小的事件后发生。

间之矢一道进来。此外,我们的编辑本身也经历着他意识中的时间——他沿着自己穿过世界的轨道的时间关系。这个经历是亲历的,不是从外界得来的信息,但是编辑意识到他所经历的时间与外部信息所包含的时间是等同的。现在意识宣称这一私人时间具有方向性(箭矢),从而对于从信息中进一步寻找遗失的箭矢给出了一个线索。但奇怪的是,虽然最终从外部信息中找到了箭矢,但还是没有从计时器上信息中发现箭矢,而是从温度计和相似的本来不是用于测量时间的仪器上发现了箭矢。

意识,除了探察时间之矢以外,也能粗疏地度量时间的流逝,它具备时间度量的正确观念,但实行起来则很笨拙。我们的意识或许与物质世界保持着紧密的联系,因此我们必须设想意识对其时间旅程的记录是大脑物质内的某种计时器的示数——或许那是一个确实糟糕的计时器。通常,在我的心里对这种联系,一直将其类比为一个设计用于准确记录时间的物理时钟。但是我现在倾向于把它更好地类比为一个熵钟,即一台主要设计用于测量能量混乱度速率的仪器,它只能非常粗疏地与时间保持同步。

一台典型的熵钟的设计可以如下:一个包括两块不同金属的电路,两块金属的连接点分别嵌入到互相接触的一个热物体和一个冷物体内,电路设有一个作为熵钟刻度盘的电流计。电路里的热电流正比于两个物体的温度差,因此随着两个物体之间的能量传递持续进行,它们的温度差逐步减少,电流计的示数也就持续减少。这个熵钟绝对可靠地告诉来自另外一个世界的观测者,两个事件中哪一个后发生——我们已看到没有普通的计时器能达到这一点。至于熵钟的计时的性能,我们也只能说,电流计指针的转动与时间流逝的速度有某种关联——这一点上或许与意识的计时性能相当。

因此,于我而言,似乎意识以及其对时间之矢的坚持,还有极其错误的时间测量的观念等等都可以在大脑的某个部分被熵钟所引导,这就避免了不正常的假设,即我们要分别问询物质大脑的两个细胞关于我们时间持续概念和生成概念的形成,于是熵的梯度就成为意识时间两个方面的直接等价物。物理时钟所测量的时间持续(时间的间隔),只有些微的相关。

我们现在总结一下来理清我们有关时间的观点:首先,物理上时间是四维世界里时间的分隔(世界范围的瞬间),这些时间是人为的和相对的,绝非与意识时间指示给我们的任何事物相应。其次,我们在相对论中认识了被称作时间关系的某种东西,它绝对与空间关系相异,这种差异的一个结果是附属于物质身体的心理仅能穿越时间关系,因此,即使没有更紧密的关系,至少在心理状态序列与时间关系点的序列之间存在一对一的对应关系。由于心理把自身的序列解释为意识时间,我们至少可以说,物理上的时间关系与意识时间有关系,这一点是空间关系所不具备的。我怀疑这种关系是否要更为密切,我认为心理序列不是物理上的时间关系的示数,因为在物理上时间关系是不带箭矢的,我想它是物理上的熵梯度的示数,因为它具有所必需的箭矢。时间关系和熵梯度在物理学上均有严格定义,它们之间完全不同,而且通常都没有数值无关。但是当然了,时间以外的其他事物也能"计时",所以,为什么在大脑某个特殊部位随机因素的产生不会相当均匀地传播?没有什么道理可讲。对此情形,在意识里的时间流逝相应的物理世界里的时间关系长度之间并不存在特别大的差异。

微观分析的科学反应

从科学哲学的观点看,我想与熵有关的概念必定要列为19世纪对科学思想的一大贡献。它标志着如下观点的一种反应,即科学需要关注的每个事物,都是由物体的显微分析所发现的。它提供了一种替代的见解,其中感兴趣的中心从普通分析(源自电位等)所获得的实体转移到了体系总体所具有的性质,这些性质不能够再分和定位——这里一些,那里一些。艺术家热望把那些微观细节不能表达的意义传达出来,因此他求助于印象派画法。令人称奇的是,物理学家也发现同样有此必要,但是他的印象派的体系准确地与科学一样,比起他的微观体系,在它的应用方面甚而更为实际。

由此,在研究坠落的石头时,显微分析显示出无数的分离的分子。石头的能量在分子间分布,分子的能量总和构成石头的能量。但是我们不能采用那种方法分配运动中的组织性或随机因素,说组织性的一个特殊部分位于某个特殊分子中是毫无意义的。

有一种研究观点认为,顺序观察每个小空间里都含有什么,以便确定作为世界完整的构成目录包括些什么,但是这种研究方法会遗漏掉不处于微小空间内的那些特性。我们常常以为,在我们完成"一"的研究时,我们就完全知道"二"了,因为"二"是"一加一"的缘故。但我们忘记了我们依然还需研究"与",中等物理是有关"与"的研究——即组织性的研究。

归功于19世纪独具慧眼的先辈们,科学才得以了解,按照物理学的基本体系的编目方法,确实把某些实际很重要的东西遗漏了。尽管在任何空间内都没有发现熵,但它最终还是获得了公认。熵之被发现、被尊崇,是因为它对物理学的实际应用很重要,而不是用来满足任何哲学的需要。但是通过熵,科学才从致命的狭隘主义里得以挽救。如果我们完全依照编目方法,那么在物理世界中也就没有什么可以表示成"生成",或许科学在上下求索之后会有如此报告:"生成"是一个毫无根据的心理幻影——就像美、生命、心灵以及其他无法造册登记的事物一样。

我想，可能会有质疑，这个新的物理量熵是否具有严格的科学性？熵与其他科学上所认识的物理量不是同一范畴，而它的广度如我们即刻就要看到的是在非常危险的方向上。如果你们一旦承认排列的性质属于物理学的主题，要有所区分就有难度，但是，由于熵是排列方式随机因素的度量，它在被发现之前就已在物理学上获得了稳固的地位。工程人员极其偏爱熵，他们的支持是对熵的优异特性最好的证明。因为在彼时，通常都假设"创造万物"是一个工程人员（而不是如现在那些时尚的数学家）的工作。

假定要求我们把下述事件分成两个范畴：距离、质量、电场力、熵、美、音乐。

我想，有最强烈的理由把熵与美和音乐归为一类而不是与前三者归为一类。熵只有把各部分联合起来观察时才能被发现，而美和音乐也是观看和倾听组合在一起的各个部分时才被感知，所有这三者都是排列的特性。思量起来，这三类联合之一应该能够作为科学的普遍量。这个外来的熵能够比那些物理世界的原本的物理量胜出，原因在于它能够适用它们的语言，即数学语言。它有一与其自身相关的度量数，所以就在物理学上安了家。美学与音乐不具备数学密码，因此不能归属物理领域。这就教导我们，精密科学所寻求的东西不是某种特定范畴的实体，而是能够测度的实体。在下一章我们将看到，科学允许它们进入科学领域时，它实际上只允许可测度的性质进入，也只有这个性质才能在科学上有立足之地。对美学而言，假装拥有少量数学特性（例如表示成理想的对称比例）从而希冀获准进入科学领域，并在其中推动美学十字军活动，是毫无用处。我们会发现，数学图景受到正当许可，但他们的美学意义不能入内，因此熵也是因其数学图景受到许可。如果像我们模模糊糊怀疑的一样，它具有触及在我们意识之中显现为目的性（与偶然性相反）的深层意义，那么这种意义也不能入内。这些并不比必然具有单纯数值之外意义的质量、距离等更糟糕,果真如此,那种意义便在它们集成到科学体系——幻影世界——时消失了。

你们可能倾向于把我的主张——即把熵从世界的微观内容目录内排除在外,看作咬文嚼字。如果在你们面前排列着所有的个体,那么它们的组合、排列与组织性等都自动显现在你们前面。如果你们拥有星球们,那你们也就拥有了星座。确实如此,但是如果你们拥有了星球们,你们便不会严肃对待星座,直至熵的星座构成一个孤立的例外,各个星座是不能获得严肃素对待的—这已经成为与科学的唯物论倾向密切联系的科学的范式了。当我们把一幅绘画分解成无数颜料微粒时,我们就会失去绘画的美学意义了。颜料微粒列于科学的目录当中,它宣称在绘画中实际存在的每件东西都得以保存,但是这种形式的保存实质等同于丢失。绘画的本质是(区别于颜料的)排列,排列是保存了还是失去了?现行的回答好像不一致。若排列成其为绘画,那么就失去了;科学关注的是颜料而非绘画;若排列意味着组织性,那么保存下来了,科学与组织性关系很大。为什么我们要(现在我们以哲学家而非科学家身份)区别这两种排列方式?加以区分是由于绘画对科学家而言是无用的——科学家不能进一步研究绘画。类似地,作为不偏不倚的裁判,我们有责任指出熵对画家是无用的——他不能以之发展他的观点。

我并未试图主张在客观世界中存在一个与科学曾经深入分析的无数微粒相异的绘画的客观实体,我怀疑我这个说法是否有任何意义。如果这是真的,它也不能特别提高我对绘画的评价。我想说的是:我们人性的一面驱使我们关注自然及人类工作之美及其他美学意义,由此我们的环境对我们而言,具有远超在环境结构的科学目录内所发现的任何事情所未保证的意义。一种压倒性的感觉告诉我们,这对于我们的生存目的是正确而必要的。但是这合理吗?理性如何才能不把它看作归根结底仅仅是自行其是的原子、以太波以及诸如此类的物体的聚集体的固执的错误表现呢？如果倡导理性的物理学家秉持这个态度，那就简单地对他低语几次熵吧。

基本法则的不足

我敢说，我的许多物理同事都愿意参与讨论我前面说的熵是微观体系的外来物，但对物理世界又是必需的观点。他们宁肯把熵看作是有用的而非必要省力工具。以在导入熵的概念通常得以解决的实际问题为例，通过遵循各个物质微粒或能量量子在基本微观法则而非参考显式或隐式的熵能精确地（更费力地）得到相同的结果。那么，一试便知。这里有个问题需要你们解答——

一节粉笔被抛到讲台的桌子上面，粉笔在那里打转并折成两半。

在此把那几段粉笔、桌子及你们关注的环境中的每个分子或如你所愿每个质子和电子的瞬时位置和速度告诉你们，[①]同时也把每一个能量要素的瞬间的详细状态告诉你们。通过运动的微观（基本）法则，你们能够追踪一个瞬间到另一个瞬间的状态。你们能够追踪到在粉笔块内漫无目的的运动的原子是如何逐步形成共同运动，从而粉笔作为整体开始运动。两截粉笔弹回来一点，而后在桌上转动，它们来到一起并结合起来，然后整支粉笔优雅地升到空中，形成一根抛物线，然后停在我的手指之间。我保证，你们全都可以做到这一点，而不需要熵或任何超出微观物理学界限的事物，你们已经把问题解决了，但是，你们确实理解你们的解决的意义吗？它是否一个按照你们的计算描述为一件不可能事件全然可以忽视的点呢？就此而言，无须改变你们描述的字句，但

---

① 速度相对于空间和时间体系。指明所选的体系，速度就相对于该体系（这就把标记体系的责任放到你们身上——左、右、未来、过去等）。

是,看来确实需要一个补遗,来区别媲美马斯基林先生的高超魔术和一件普通的日常不会发生的事件之间的差别。

物理学家可能会说,所要求的补遗与意义有关,而他与意义毫无关系。他仅仅关注他的计算应与观察一致。他不能告诉我一个现象是否具有偶然性的意义或非偶然性的意义,但是,如果问题里包括时钟,那他便能够在各阶段读出时钟的示数。要把所有有意义的领域从物理学里排除是有很多可说的,这是对于我们(正式地)一无所知的神秘概念与我们的计算相混合的一种健康的反应。我确实羡慕纯粹物理学家的坚不可摧的地位,但是,如果他完全把意义排除在他的领域之外,那么某个人就要负责找出原子、以太和电子的物理世界是否有些什么意义。于我而言不幸的是,在这些讲演中,我打算讲一下当科学世界与我们的环境的其他见解相冲突时,普通人应该如何看待科学世界。有些听众可能对创造出来仅仅当作计算手段的世界不感兴趣,我能告诉他们,当永恒的疑问——"科学究竟是关于什么的"?在心里涌现时,科学的世界并不要求他们的意见。我能确定,我的物理同事们都希望我在这一点给科学世界以一些辩护,我是准备要这样做,但我唯一要坚持的作为基础条件的是,我们要确定它的正确方向。对于现今在我眼前所发生的颠倒的物理世界,我从中看不出任何意义。基于这个理由,我对于熵的兴趣,不仅在于它能够把其他方法的计算过程缩短,还在于它具有别的方法不具备的、确定方向的性质。

如我常常一再重申的,科学的世界是一个影子世界,是我们意识所熟识的世界的影像。我们究竟预期它反映到何种程度?我们并不企望它把存在于我们内心、情绪、记忆等等里面的一切反映出来。我们主要希望它把那些能被外部感觉器官追踪的印象反映出来。但是时间形成了两种进入通道,因而在外部和内部之间形成了中间的联系。这一点部分地为初等物理(时间之矢未包括在内)的科学世界所投影出来,但是当我们把体系扩张使之包含熵时,这一点就得到了充分的反映。因此,由于19世纪的巨大的变革,科学世界就不再局限于一个为内心所环绕并编织活动和进化的罗曼史(Romance)的静止范围内了。它还反映出,那种不能从熟悉世界分离的运动性质对世界的意义没有丝毫灾难。

为了把我们的经验混乱的数据整理出来,通常都假设探索的目的是找出所有实际上存在的事物,另外一个不亚于我们经验的本质的探索,是找出所有实际上形成的事物。

第六章
重力——法则

你们有时把重力说成是物质的本质的和固有的性质,拜托请不要把那样的观念加于我。由于重力的原因是我不能假装知道的东西,因此要多费些时间去研究它。重力必定起因于按照特定法则持续施加作用的作用力。但是这种介质是物质的还是非物质的,我把它留给读者去考虑。

升降机中的人

1915年左右,爱因斯坦把他的相对论进一步扩展到非匀速运动。讨论这个问题最容易的方法就是考察升降机中的人。

假定这个房间是一架升降机,支架断了,我们自由落体下降,下降速度持续增加。

我们通过物理实验来体验时间,升降机就是我们的实验室,我们将从头开始并尝试发现一切"自然"法则——自然即升降机中的人所解释的自然,这在相当大程度上是在陆地上的实验中早已发现的科学历史的重复,但是其间存在一个显著的差别。

我进行了将握在手中的一个苹果降落的实验,苹果不能比以前的实验降落更多。你们记得我们的升降机以及升降机内的所有的东西都在自由降落,结果苹果依然与我的手保持着位置。科学史上有一件对于升降机中的人不可重复的偶然事件——牛顿和苹果树。引导星球沿轨道运行的作用力与我们普遍经验中使苹果下坠的作用力相同这一重大概念,因为在升降机中苹果并不掉下,这个普遍经验而失效了。

我想,我们现在有充分的证据证明,在升降机中所确定的科学法则,在其他所有方面将与那些在传统条件下确定的法则相一致。除了这个以外,在升降机中的人就可以得到我们所熟悉的所有的"自然"法则,而且可以和我们得到它们时的形式如出一辙,只有使苹果掉落的力在法则体系中不存在。

我相信,升降机中的观察者们通常具有以自我为中心的态度,即呈现给我的世界的面貌才是那个自然界。对他们而言,将生命消耗在升降机中降落一点也不令他们震惊,他们会觉得栖息在地球表面反而倒很奇怪。因此尽管他们可能盘算过,对处于这种奇怪状态的人们而言,苹果似乎具有令人困惑的坠落习惯,但他们不再会比我们更为认真地对待我们有关苹果掉落方式的经验。

我们认真地对待他们的经验了吗?或换言之——在降落的升降机中的观察者所得出的自然法则体系相较于在陆地上的观察者所得出的自然法则体系,它们的相对重要性是什么?这一套体系比另一套更真实吗?这一方比那一方更有优势吗?显然,两者之间的差异——如果有的话,来自于这个事实,即那些法则要参考不同的时间和空间体系。在我们的体系中坚实的大地处于静止,同样的,在他们的体系中升降机处于静止。此前,我们已经知道使用不同体系的观察者的例子,但是那些体系都具有不同的均匀速度,而升降机的速度是持续增加的——即具有加速度。我们能否把我们有关"自然"与空间和时间体系无关的原理扩展到加速体系,由此没有一个体系能够优于任何其他体系吗?我想我们能,所引发的唯一的疑虑是我们是否不应该把升降机中的人的体系看作优于我们的普通体系,而只把它看作是同等的体系。

当我们站在地上时,大地分子便以相当于十石[stone 重量名,约 14 磅(约 6.35 千克)]重量的力击打着我们的靴底而支撑着我们。但果真如此的话,我们应该通过地板的间隙掉下去了。我们经受着持续和猛烈的连续击打。如今,这种情形很难被视为对于我们自然环境的公正的考察的理想条件,所以如果因这样的处理蒙受苦痛的我们的感觉给出对世界戴着有色眼镜的见解是不足为奇的。我们的身体被看作考察世界所使用的科学仪器,当电流计用于观测时,我们不会准许任何人击打它。同样地,当人类的身体作为获取科学知识的通道手段而使用时,优先要避免人的身体受到击打,当我们不被支持时,便摆脱了这种击打。

接着,让我们跳下断崖,以便可以假定自然未受干扰。或者,如果说服自己你的身体并未下落是否对你而言是个奇怪的事,①那么让我们再次进入下落的升降机里。这里没有什么东西需要支撑,我们的身体、我们的电流计以及所有的测量设备都免予击打,所以它们的示数能够毫不迟疑地被接收。下降的升降机的空间和时间体系,对没有支撑的观察者而言是自然的体系,在这些有利状态下所确定的自然法则至少比起通过参考其他体系所建立的那些法则来,其地位并不低下。

我另作一个实验。这一次我拿两个苹果,让它们在升降机相对的两端下落,将会发生什么呢?开始时并没有发生什么事,苹果还是在位

---

① 我所能告诉的(不是实验测试),是跳下断崖的人不久就会失去所有下降的概念,他只是注意到周围的物体以持续增大的速度被推开远去。

于脱手的地方。但是让我们走到升降机外面停留片刻来观察这个实验，两个苹果被重力拖向地球中心。当它们接近地心时，它们的轨迹逐渐汇集在地心相遇。现在再回到升降机，首先看到的是苹果还处于升降机地板上方的位置，但是现在我们注意到它们互相向对方漂移，在升降机通过地心的瞬间（从升降机外的一个观察者看），它们便相遇了。即使升降机中的苹果没有坠落到地板的倾向，然而有关它们的行为依然神秘。所以升降机中的牛顿，依然会发现，引导星球沿轨道运行的作用力，与在我们家附近玩这些苹果游戏的作用力是相同的。

总结一下，重力具有相对特性和绝对特性，对我们印象最深刻的特性是重力的相对特性——相对于体系的特性。这个体系除了是我们普遍应用的以外，没有什么特别意义。这个特性对于升降机中的人的体系而言完全消失了，因而我们应该在试图形成一幅重力的绝对图景时抛开这个特性。但是这里也常常存在一些绝对的东西，我们必须尝试对其进行适当的描述，为了我当下就要解释的理由，我们发现能够把重力描述为空间和时间的弯曲。

重力的新图景

牛顿派的重力图景是一个作用于运动轨迹受到干扰的物体上的曳力（tug）。我想解释一下为什么这一图景必须被替换的理由。我必须再次提起著名的有关牛顿和苹果树的事例。重力的经典概念是基于牛顿对所发生的事物的解释，但是现在必须要听听苹果怎么说了。按照一个观察者的通常的自我中心主义看法，苹果认为自身是静止的。往下看苹果，看见包括牛顿在内的地面上的各种物体以加速度向上奔突与它相遇。苹果是否发明了解释他们行为的神秘的作用力或曳力？非也！苹果会指出它们加速的原因是非常明显的。牛顿正被他下面的大地的分子击打着,这种击打是绝对的——对于参考体系不存在任何疑问,只要利用足够强大的放大装置,任何人都能够看到分子的动作并统计击打次数。按照牛顿自己的运动法则,这必然要给他一个加速度,这恰恰正是苹果所观察到的。牛顿不得不假定一个神秘的不可见力将苹果拽落,而苹果却能够指出把牛顿推向上方的明确的原因。

这个例子中苹果的观点如此占尽优势,使得我必须把状况稍做修正一点,以便给予牛顿公平的机会。因为我相信苹果只不过是过多地利用了单纯的偶然的好机会。我将把牛顿置于重力消失的地心,因此他能够保持静止而无须支撑——不受击打。他往上眺望看见苹果掉落到地球表面,如在前面一样,他把这个归于他称为重力的神秘曳力的作用。苹果往下眺望,也看见牛顿在接近它,但这一次,苹果不能把牛顿的加速度归于任何显明的击打,它也需发明一个作用于牛顿的神秘的曳力。

我们有两个参考坐标系:在一个坐标系中,牛顿是静止,而苹果是加速度的;在另一坐标系上,苹果是静止的,而牛顿是加速度的。在这两种情形下,对于加速度均没有可见的原因。在这两个情形下,物体并未被外来的击打扰乱,二者可完全互换,没有理由说某个体系比另一个要更好。我们必须对干扰作用力设计一个新的图景,能够对这些体系不偏不倚。在这个新图景里,曳力不再适合了,因为如果我们把它附在苹果上,这样我们便有利于牛顿体系;如果我们把曳力附在牛顿身上,那又有利于苹果体系。① 重力的本质或绝对的部分不能是作用在物体

---

① 因为在此所讨论的现象显然与巨大物体(地球)的存在有关联,而且因为虽然牛顿的引力相对于物体对称发生,而苹果的引力则相对于物理非对称发生(在苹果所在之处消失,而在地球另一面对应的地点[与地球站在全相反的一面的地方]很强),因此牛顿体系明显要好,对此可能应该反对。很有必要深入理论去充分解释为什么不把这种对称性看作首要的理由。在此我们只能说,对称准则已被证明要选出一个独一无二的体系是不充分的,在它要承认的体系与那些它所抛弃的体系之间也给不出一条清晰的区分线。总之,我们能评价特定体系比其他体系更具有对称性,但并不固执于将对称体系视为"正确",而将非对称体系视为"错误"。

上的一种力,原因在于我们对力所作用的物体完全是茫然无知的。我们必须采用不同的图景。

　　古时的人都相信地球是平的,他们所探查过的可以在平面地图上表示而不会发生严重的变形。当发现了新的国家时,很自然地就想到把它们附加到平面地图里。众所周知的平面地图的例子是墨卡托(Mercator)的投影地图,你们可能会想起,地图上格陵兰岛(Greenland)的面积看起来大的荒唐,在其他的投影地图里,方向被扭曲的非常严重。现在那些依旧执迷于地球平面说的人们必然要假定,地图上显示的是格陵兰岛的实际面积——地图所显示上的距离是实际的距离。那么他们如何解释,在格陵兰岛的旅行者报告表明地图距离好像要比它们实际距离要短得多呢?我想他们怕是要创造一种理论,说在格陵兰岛居住一个魔鬼,他帮助旅客赶路。当然了,科学家是不会采用如此粗鲁的字句的,他要创造一个希腊－拉丁(Graeco－Latin)多音节字来指代似乎把路途缩短的神秘的作用力,但是那只是伪装色而已。现在假定格陵兰岛的居民已经开发了他们自己的地理学,他们发现地球表面最重要的部分(格陵兰岛)能够在平面地图上表现出来而不发生严重的扭曲,但是当他们把远方的国家例如希腊画到地图时,其面积必定会夸大,或者在他们描画希腊地图时,在希腊也活跃着一个恶魔使那里的旅程与它们在平面地图里现实的看起来不同。恶魔从未来过你们的地方,时常被他搅扰的都是其他人。现在我们理解了,真正的解释在于地球是弯曲的,恶魔彰显的活动是强把弯曲的表面变成一个平面地图,因而扭曲了事物的单纯性。

　　以上地球认识理论所发生的情形,对于空间—时间的理论也会发生。在地心静止着的观察者代表着基于通常的被称为平面空间—时间的传统原理所构建的空间和时间体系里所发生的事物,他能够确定近邻事件的位置而不扭曲其自然的单纯性。静止物体依然静止,若没有受到某种明显的扰动,例如打击,那么匀速运动物体依然保持匀速运动,光沿着直线行进。他把这平面体系扩展到地球表面,就遇到了下落苹果现象,这个新现象必须要由能说服苹果偏离它们正常的匀速运动的无形的作用力、即谓之重力的恶魔所解释。但是,我们也可以从下落的苹果的体系或升降机中的人的体系出发,在升降机体系中,静止的物体依然静止,匀速运动的物体依然匀速运动,但是,如我们所看到的,即使在升降机的角落里这种单纯性都开始丧失。如果眺望远野,比如就说眺望地心,必须假定一个恶魔在活动,他推动着没有支撑的物体直立着(相对于升降机体系)。当我们从一个观察者转到另一观察者——从一个平面的空间—时间体系转到另一个空间—时间体系,恶魔活动的场景便转移了,它绝在我们的观察者所在地,而是常常远去彼方。这个解决方案现在不是很明白了吗?恶魔只不过是当我们试图把弯曲的世界适应平面体系时所引起的复杂化。在平面空间—时间体系里标记世界时,我们使之扭曲,以便这个现象在它们的原始纯洁性里不会出现。承认世界的弯曲,则神秘的作用力便消失了—爱因斯坦把恶魔赶跑了。

切莫以为这种概念上的初步变化能够把我们带的足够远而获得重力的解释。我们寻求的不是一个解释,而是寻求一幅图景。这幅(看似很硬的)世界弯曲的图景是比一个按照选定的视点在物体之间飞掠的不可捉摸的引力更易于把握。

重力的新法则

在获得重力的新图景后,我们就需要一个新的重力法则。因为牛顿法则告诉我们引力的大小,到了现在又不考虑引力了。由于现在客观现象图景是弯曲的,所以新的法则必须涉及弯曲的某些方面,很显然,它必须是能够控制和限制可能的空间—时间的弯曲的法则。

关于弯曲能够说的还没有太多——它不太是一个通用性质。因此,当爱因斯坦感觉到迫切需要表达关于弯曲的某些方面时,他几乎自动地说出了正确的事情。我意指,只有一个限制或法则暗示它自己是合理的,那个法则已由观测证实是正确的。

你们有些人可能觉得,你们心里绝不能想象空间的弯曲,更别提空间—时间的弯曲了。其他人可能觉得,已经习惯了二维表面的弯曲,要想像三维乃至四维情形下的类似弯曲不存在难以逾越的困难。我宁愿你们都是前者,因为他们至少避免了他们的先入之见对他们的误导。我已经说到"图景",但是这幅图景必须由逻辑推理而不是靠活跃的想象来描绘。我们对于弯曲的一般性的概念是从表面获得的,即多层二维重复表面嵌入三维空间。任何点上的绝对弯曲,由球面曲率半径来度量。但是空间—时间是嵌入的一个四维重复表面,它的维度与能够找到的扭曲的新方法一样多。实际上,一个四维表面对发现新的扭曲形式而言极具独创性,除非再提供六个额外维度总计十个维度时,这个新创意是不会过时的。此外,在每个点上需要二十个不同的量度以便确定该处的特定种类和大小的扭曲度,这些量度称为弯曲系数,其中十个比其余十个更为重要。

爱因斯坦的重力法则确定十个主要的弯曲系数在空空荡荡的空间中为零。

如果没有弯曲,也就是说如果所有的系数都为零,那么就没有重力了,物体将沿直线匀速运动。如果弯曲不受限制,即所有的弯曲系数都难以预测,那么重力就会任意行事而不遵守法则,物体也将任意运动。爱因斯坦采取二者之间的状态:即二十系数中有十个为零,其余十个为任意值,这样便规定了具有受法则约束的重力的世界。那二十个系数自然地分为十个一组的两组,因此要选择哪些是零就没有困难了。

对于不谙此道的人而言,一项精确的"自然"法则居然对若干系数任意设置可能看起来令人惊奇。但是在我们对计划要应用该法则的问题规定细节时，必须先把一些问题放下留待解决。一个通用法则包括无数的特定实例，十个主要系数消失在空洞的空间中到处发生，不管在那里存在或多个具有重力作用的物体，其他十个系数依赖于所考察的特定状况变化。这提醒我们，在得到爱因斯坦的重力法则且把它用数学公式表达后，即便是最简单的实际问题的应用依然有很长的路要走。但是，到现在成百上千的读者想必已经仔细研读了这个数学公式，因此我们可以宽心，相信公式没有错误，这件工作完成后就有可能证实法则和观察一致。已经发现它与牛顿法则符合的非常接近，因此爱因斯坦法则的主要证据与牛顿法则的证据相同！但是在三个关键性的天文学现象里，二者之间存在观测上的巨大差别，对这些现象的观测结果支持了爱因斯坦的法则，而反对牛顿的法则。[1]

在我们信念里很重要的是，理论预测要与观察一致，除非能提出理论与观察之间差异的合理的解释，因此通过这些精细的天文观测检验，爱因斯坦的法则站住了脚而牛顿法则则失败了，这具有非常重要的意义。但是我们废弃牛顿法则的主要理由，并非这些试验所指出的精确度不完美，而是因为它没有包括我们现在想要知道的关于"自然"的那些信息，对这些信息我们已经有了想法而牛顿心里则完全没有。我们一起来讨论，天文观测表明，在一定的准确度范围内，爱因斯坦的法则和牛顿的法则都正确。在（近似地）确证牛顿法则时，我们是要确证有关以一个特定的空间—时间体系作为参照系时应该发生什么现象的描述，至于把任何根本的重要性附着于该体系并未给出理由。在（近似地）确定爱因斯坦的法则时，我们是要确证有关对于一切空间时间系都正确的世界的绝对性质的描述。对于尝试理解现象背后本质的人而

---

[1] 其中一个实验——相对于地球观测结果的太阳和星球的光谱线红移——与其是对爱因斯坦法则的实验，毋宁是他的理论的实验。

言，爱因斯坦理论必然胜于牛顿的理论。爱因斯坦从观测现象中抽象出具有物理意义的结果，这一点与数学上的好奇心相反。爱因斯坦法则证实其自身是更好的近似激励着我们有关对绝对的探求是对相对现象的最好的理解这一观念。但是，如果难以马上成功，我们便很难再回到那个探求了。

我不禁想到，牛顿本人很高兴，"未经发现的真理的海洋"在200年后会翻转到一个新的阶段。我想，因为我们并未由于这些知识从牛顿时代起就积累了下来而盲目地应用牛顿公式，也并未在那些牛顿绝无机会考虑的状况下而盲目地应用牛顿公式，所以牛顿也不会责难我们。

在此我并非要说明那三个实验，因为它们如今人们已众所周知，而且在相对论的若干入门书里都可以找得到。但是，我想提一下其中一本书里有关重力对光的作用，光波通过如太阳般大的物体时会偏斜一个小的角度，这是个额外的证据，表明牛顿把重力视为引力的图景是不足的。你们不可能靠引力使波偏斜，显然，必须找到一个使光偏斜的作用力的表达。

运动法则

我现在不得不请你们，在你们关于真理的自然微光被你们的教师刻意地根除之前，要把心理恢复到你们第一次学习力学的时刻，第一运动定律被定义为——

任何物体都要保持匀速直线运动或静止状态，除非外力迫使它改变运动状态为止。

或者你们以前曾经想象，运动是个将会耗尽自己的某种事物。自行车，如果你们不加外力使它前行，它照例自己停在那里。老师正确地指出阻力倾向于使自行车静止，或许老师会举出一块在冰上滑过的石头的例子来说明当干扰力减少时，运动要持续的更久。但即便平滑的冰面也会产生某种摩擦阻力，为什么老师不更彻底把阻力完全消除，就像轻易地把石头投入空空荡荡的空间中那样？但不幸的是，在那种情形之下，它的运动不是匀速直线运动，石头给出一条抛物线。如果你们提出反驳，那你们就要被告知，抛射物（石头）是被一个不可见的叫作"重力"的力迫使它的匀速直线运动状态发生了变化。我们如何知道这个不可见力的存在呢？噢！如果这种力不存在，那抛射物就要沿着直线匀速运动。

老师所为并不公平，他固守着匀速直线运动，如果我们向他指出物体并不遵循他的规则时，他便平淡无奇地发明出一个新的力来解释运动偏离。我们能够改进他的第一运动定律的说法，他实际意指——

任何物体，都要保持匀速直线运动或静止状态，除非它不保持其静止状态或直线运动状态。

物质的摩擦力和反作用力是可见的，而且是能够改变物体运动的绝对的作用力，我对它们提不出什么异议。分子的击打能够为任何人认识到，不管他的坐标系如何，只要他深入地探查现象即可。但是如果不存在此类干扰的指示，全部过程便成为不确定的了，并没有特别的根据把运动分成两部分：一部分归于物体的被动的倾向，称为"惯性"，另一部分归于干涉力场。物体确实要一直前进，但是有某种神秘的作用力使它弯曲运动——这个说法很生动，但并非科学。它从一个性质中产生出两个性质，由此我们就奇怪为什么它们经常相互成正比——为什么作用在不同的物体上的重力与他们的惯性和质量成正比。当我们承认所有的参照系都等同时，这种分析就站不住脚了。抛射物相对于地球表面上的观察者以抛物线运动，相对于升降机中的人而言却成了直线运动。我们的老师不大容易说服在升降机中看到苹果依然停留他释放时的位置的人，即苹果确实主动往上冲，如果不存在一个不可见的引力准确平衡这个倾向的话。①

爱因斯坦的运动定律不承认这种分析。能够在曲面上定义特定的曲线而无须参考任何分割体系或系统,即从这点到另外一点的测地线或最短线路,我们的弯曲的空间—时间的测地线提供了未受干扰下粒子遵循的自然轨迹。

我们观察到一颗以椭圆轨道绕太阳运行的星球,稍加考虑就可以证明,如果我们加进第四个维度(时间),那么在时间维度上的持续运动便由椭圆拉伸成螺旋运动了。为什么星球要采取螺旋的轨道而不直线前进?这是因为它遵循着距离最短的路径的缘故。在太阳周围的弯曲地带的被扭曲的几何里,螺旋形的轨道比各点之间的任何其他轨道都要短,你们可以看到我们的观点上的巨大变化。牛顿体系里星球倾向于直线运动,但是太阳的引力使之偏离。爱因斯坦说星球倾向于采取距离最短的路径,而且星球也确实如此。

那是一般性的观点,但为了准确之故,我必须做一个确实很小的修正:星球沿最长的路径运行。

你们可能还记得,沿着任何物质的物体(必须以低于光速运动)的运行轨道上的各点,相互之间是绝对的过去和绝对的未来关系,它们绝对不是"其他地方"。因此,四维空间—时间里的轨道长度由时间关系构成,因而必须用时间单位来测量,它实际上是物体上携带的时钟所记录的描述星球轨道的秒数。②这可能与沿其他路径在同样的起止点之间所记录的时间不同。在第三章我们考察过两个人,他们的轨道具有相同的起止点,其中之一待在地球上的家里,另外一人以高速旅行到宇宙

---

① 如果老师像传教士那样向升降机内的人走去,那么读者可以证实这是教师所必须谆谆教诲的信条。

② 有人可能反对,你们不可能制造一架遵循着随意弯曲的路径而不施加力(例如分子击打)去干扰的时钟。但是这个困难与以直线尺子丈量曲线长度的困难类似,可以用同样的方法解决。"曲线的修正"的普遍理论既适用于这些时间轨迹,也适用于空间曲线。

远方后又返回。前者在其间被记录为70年，后者则为1年。要注意沿着地球的未受扰乱的轨道的人，是记录或生存得时间最长的人，而那个达到旅程界限再开始返回地球其路途已被弄得非常混乱的人，仅仅才生活了1年。对这种时间的减少不存在限制，如果旅行者的速度接近光速时，所记录的时间将减少到零。也不存在独一无二的最短的轨道，但最长的轨道却是独一无二的。如果地球不遵循实际轨道，而是大跨步以光速旅行的话，那么地球就无须费时从1927年1月1日直达1928年1月1日。亦即，随地球一道旅行的观察者或时钟不会记录下任何时间，但按照"英国天文台长的时间"而言，它是要被计算为一年的。地球并不这样运行，因为物质联合工会规定每件工作都必须花费尽可能长的时间。

所以在计算天文学轨道以及类似的问题里面涉及两条法则，我们首先得使用爱因斯坦提出的10个主要弯曲系数为零的重力法则，计算空间—时间的弯曲形式；其次我们用爱因斯坦的运动法则，即最长轨道法则来计算星球如何通过弯曲地带而运行。至此，计算过程与牛顿重力法则和牛顿运动法则所进行的计算相似，但是这里有一个仅适用于爱因斯坦法则的显著的补充，即爱因斯坦的运动法则能够从他的重力法则导出。对星球轨道的预言，虽然为方便起见分成两个阶段，但确实是基于一个单独的法则。

我想用通常的方法向你们展示，控制着空荡荡的空间的弯曲的法则，如何才能决定粒子的轨道而不必辅助任何其他条件。四维世界里的两个"粒子"示于（图5），就是你自身和我自身。我们不是空洞的空间，因此对于进入我们的组织（身体）的弯曲的种类没有限制，实际上我们独特的弯曲种类把我们与空洞的空间区分开。可以说，我们是四维世界中的山脊，在四维世界里聚集成褶皱。纯粹数学家坦率地把我们描述为"奇点"。这两个非空虚的山脊由空虚的空间所联结，它必然不符合那十个主要弯曲系数所描述的那些种类的弯曲。如果我们把局部的褶皱引入衣物材料,那么剩下的部分就具有一定的顽强性,而不如我们所希望的那样平滑地待着,这种事也是很普遍的经验了。你们将意识到如下可能性,即如图 5 中给出两个山脊后,如果不采用不合规则的弯曲的话,不可能通过一个中间峡谷把它们联结,这就是问题所在。世界上两个单独的完全端直的山脊不能被空洞的空间恰当地联结,所以它们也不能单独存在。但是,如果它们多少有点互相倾斜,那么联结它们的地方就能平滑地延展而满足弯曲法则。如果它们过度倾斜,则不合规则的褶皱就会再次出现。重力法则就如一个不允许在衣服的重要区域出现褶皱(个别允许的样式除外)的挑剔的裁缝,因此要求缝口都要采用不会导致褶皱的缝制过程。你我都必须服从这个要求,所以我们的轨迹互相朝对方弯曲。一个旁观者将如此评论,即这里就是两个巨大物体互相吸引的法则的实例。

由此我们将得到另外一个同等重要的概念,即地球是如何实现通过四维世界的螺旋轨迹的。原因在于必须安排两个山脊(太阳轨道与地球轨道),以便在世界的空洞的部分不致发生错误的弯曲种类。太阳就像图中更明显的山脊一样以近似直线轨道运行,但是,地球如同太阳山脊的倾斜面上的小山脊一样不得不相当显著地扭曲着。

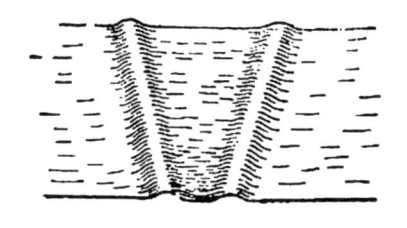

图 5

假定地球藐视"裁缝"而沿直线轨道运行,那将在衣服上制造可怕的皱纹。因为皱纹与空洞的空间的法则不一致,所以在起皱纹的地方必然存在某种事物。这个"某种事物"无须是严格意义上的物质,爱因斯坦法则所指的"事物",能够占据空间以便空间在感觉上不是空洞的,包括质量(或与其相当的能量)、动量及应力(压力或张力)。对于这种情形,皱纹可能相当于应力,这是足够合理的。如果保持现状,那么地球必然要遵循它的固有的弯曲轨道;但是如果在太阳和地球之间施加某种应力或压力,那么地球可能沿着另外的轨道。实际上,如果我们观察到一个以直线轨道冲出去的星球,那么牛顿派和爱因斯坦派的学者同样都可以推定那里存在着引起这种行为的应力。确实,因果关系显然变颠倒了。依据我们的理论,应力看来像是沿着错误轨道的星球引起的,但我们常常假定,星球之所以沿着错误的轨道是因为它受到应力作用的缘故,但那是在初等物理学上极为常见的无害事件。原因与结果之间的区别决定于时间之矢,只有考虑到熵才能够确定。我们不必过于关注在基本法则探讨中所引发的因果关系的意见,无论高兴与否,这些意见只是对世界颠倒的设想。

虽然我们在这里还仅仅处于爱因斯坦普遍理论的开端,但我无须在这个专业主题上再过多深入了,本章的其余部分将用于说明更为基础的要点。

加速度的相对性

本章的讨论立足于加速度的相对性,相对于普通的观察者,苹果的加速度为每平32方秒英尺,但相对于升降机中的人相对加速度为零。依照所使用的体系,我们赋予苹果以不同的加速度,但是并未提别提到上述任何一个加速度而将其标上"真"或绝对的加速度。为此,这导致弃置牛顿观点,原因在于牛顿特别提出每平32方秒英尺作为真加速度,并且针对这个特定的强度创造了一个干扰作用里。

考虑(我想)最初由莱纳德(Lenard)提出的反对观点会受启发,火车以每小时60英里的速度通过车站,因为速度是相对的,所以不管我们说火车以每小时60英的速度通过车站,或者车站以每小时60英的速度通过火车也好,都无关紧要。现在假定,在铁路上发生了有时会出现的事故,几秒钟之内运动要变成静止,这样将会有速度的变化或加速度的变化——加速度也包含着减速的意思。如果加速度是相对的,那么将其描述为火车的加速度(与车站相对)或车站的加速度(与火车相对)都相同。那么为什么火车中的人会受伤害,而车站上的人不会受到伤害?

我的一名听众向我提出差不多相同的论点:"你必定发现在剑桥及爱丁堡之间的旅行非常乏味,如果你旅行到爱丁堡,我能够了解你的疲累;但是,如果爱丁堡向你走来为什么你会疲累呢?"答复是这样的:疲累产生于身处关闭的车厢以及9小时的颠簸,不管在这段时间内,是我向着爱丁堡运行也好,是爱丁堡向着我运行也好,都没什么不同。运动并不会使任何人疲劳。把地球作为我们的运输工具,我们绕着太阳每秒钟运行20英里;太阳载着我们以每秒12英里的速度通过银河系;银河系载着我们在螺旋星云中以每秒250英里的速度运行;而螺旋星云又……如果运动能够使我们疲劳,我们早就疲劳而死。

同样地,运动的变化或加速度并不伤害任何人,即便(根据牛顿派的见解)它是绝对的加速度,即使我们的地球绕着太阳弯曲运动,我们也感觉不到运动的变化。当铁路列车转弯时,我们会感到某种变化,但我们所感觉的并非运动的变化,也不是任何经常伴随运动而变化的事物,它对于列车的弯曲轨道是个意外,而不是对于地球的弯曲轨道是个意外。铁道事故损害的原因容易追寻,有物体打到了列车,即是说,列车被庞大的分子群轰击着,而轰击沿着全列车广为传播。原因是明显的——是总体的、是物质的、是绝对的,不管他的参考系是什么,每个人都意识到原因出在列车上而不是出在车站。除损害乘客外,这个原因也产生了列车和车站之间的相对加速度——该加速效应也可同样地由分子对车站的轰击而产生,尽管在此处并非如此。

富于批判精神的读者可能将持续反对:"当你们说对列车的分子轰击能够产生一个车站的加速度——实际上是地球以及宇宙其他部分的加速度,你们不是在诡辩吗？如果把它放平稳下来说,相对加速度是具有两个端点一个关系。起初,我们看来好像对我们将能够把握的一端有了选择,但是对这一情形,因果关系(分子的冲击)显然指出了应该把握的正确的一端,而当你们坚持有握着另外一端的自由时,你们只不过是转着圈子诡辩而已。"

如果谬误在于把握着加速度关系的错误一端,那么它已经进入我们现时的言辞和思想了,你们的建议实际上比爱因斯坦所倡导的任何理论更具革命性。我们来考察下落石头的问题,该问题里相对加速度为 32 英尺每平方秒——或我们本身相对于石头的加速度或石头相对于我们自身的加速度。我们必须选择关系的哪一端？是分子轰击所指示的那一端吗？好吧,石头是不受轰击的,它是在真空中自由降落的,但是我们受到我们所站立的大地的分子的轰击。因此有加速度的是我们,石头加速度为零,与在升降机中的人相同。你们的建议把升降机中的人的体系作为唯一合理的体系,我只不过承认它是与我们自身习惯的体系是平等的。

你们的建议将接受醉汉有关"铺路石升起来并打击他"的证言,而驳回警察把这个偶然事件视为"只不过是转着圈子诡辩"的解释。真实发生的事,是铺路石以持续增加的速度通过空间追赶着醉汉,把他推到石头的前面以便他们保持相同的相对位置。此后,醉汉在一个不幸的摇摆后身体轴心动摇了,他未能充分增加他的速度,结果铺路石追及他并与他的头接触到了。请注意,那是你们的建议,或者毋宁说我擅权强加给你们的建议,因为那是反对相对论的非常普通的感情的结果。爱因斯坦的立场是,虽然如此看待这个意外事件是十分合法的方式,但警察所给出的更普通的解释也是合法的。爱因斯坦就像一个善良的法官一样尽力调和这两种说法。

时间几何学

爱因斯坦的重力法则控制着几何量——弯曲,与此相反,牛顿法则控制着力学量——力。为理解在相对论中世界几何化的起源,我们必须回过头来看一些东西。

处理空间性质的科学叫几何学。迄今,几何学在它的领域内都未包含时间。但是到了现在,时间和空间相互连接如此紧密,因此必须要有一门科学——有些扩展了的几何学来包括它们两个。三维空间仅是沿四维空间—时间切开的一个断面,而且是不同观察者沿不同方向所切割的断面。我们肯定不能主张,沿一个特别方向切开的断面的研究是几何学的合适的主题,对略有差异的断面的研究是属于一个完全不同的科学,由此世界的几何学如今包含时间以及空间。让我们来考察时间几何学。

你们可能还记得,虽然空间和时间是混合的,但是在两个事件的空间关系和时间关系之间有一个绝对的区别。三个事件将形成一个空间三角形,如果三条边相应于空间关系——即如果三个事件之间相对而言绝对在他处的话。这应该是一个瞬间空间三角形,一个持续的三角形是一种四维棱柱。

三个事件将形成一个时间三角形,如果三条边相应于时间关系——即如果三个事件是绝对的或先或后的话(有可能构造混合三角形:两条边为时间关系、一条边是空间关系,反之亦然。)空间三角形一个著名的法则是,任意两条边的和大于第三边,对于时间三角形也有一个类似的法则,不过意义迥然不同,即三条边中的两条边(不是任意的两条边)之和要小于第三条边。要画这样一个三角形很困难,但那却是实际的事实。

让我们十分相信,我们掌握了这些几何学命题的精确含义。首先考察空间三角形,这个命题是关于三角形的边的长度的,不由得使我回忆起我与两个学生讨论如何测量长度(第二章相对性中之相对量及绝对量一项)时所想象的讨论。好在现在没有不清楚的地方,因为三个事件的三角形确定了世界的一个平面断面,而且也仅在此情形下三角形是纯粹的空间。该命题便可如此表示:

如果你们用尺子测量从 A 到 B,从 B 到 C,那么所得到的读数之和大于用尺子测量从 A 到 C 所获得的读数。

对于时间三角形,必须采用一个能测时间的仪器来测量,那么命题可如此表示:

如果你们用时钟测量从 A 到 B,从 B 到 C,那么所得到的读数之和小于用时钟测量从 A 到 C 所获得的读数。

为了用时钟测量从事件 A 到事件 B,你必须调整时钟,类似于调整尺子使之沿着 AB 线。这类似的调整是什么?无论对哪种情形,目的都是使 A 和 B 两者与尺子或时钟直接相邻。对时钟而言,调整意味着在经历过事件 A 之后,它必须以合适的速度运动以便恰在事件 B 发生的瞬间到达 B 的位置,因此时钟的速度是被规定了的。还有一点应该注意,用尺子从 A 量到 B 以后,你们可以把尺子转向从 B 量到 A,所得到的结果相同。但是你们不能使时钟掉头,即不能沿时间往回走,这很重要,因为它决定着哪两边小于第三边。如果你们选择了错误的一对边,那么时间命题的阐述就涉及一种不可能的测量而变得毫无意义。

你们还记得那个旅行到辽远的星球,但返回时依然古怪年轻的旅行者(第三章时间中英国天文台长之时间一节)吧。他是一架测量时间三角形两条边的时钟。他记录的时间比待在家里的观察者所记录的时间要短，而观察者就是一架测量第三条边的时钟。需要我为称呼他为时钟辩解吗？我们所有人都是时钟，我们的面容表示着过去的时间，这种对比不过是一个关于时间三角形的几何学命题的例子（反过来，它是爱因斯坦的最长轨道法则的一个特别例子）。有关结果在普通力学上非常好理解，根据业已讨论并由实验证实的法则，旅行者体内的所有粒子由于他的高速度之故而增加质量，这使得粒子们更加迟缓，如果按照地球上的计时法，旅行者生活的就更缓慢了。然而，结果合理，也是能够解释的这个事实，并无碍于其作为时间几何学命题时较低的真实度。

我们使几何学扩展，使之包含时间和空间，不仅仅是对欧几里得（Euclidean）几何增加一个额外的维度，因为尽管时间命题与空间命题类似，但时间命题不同于欧几里得单独为空间所给出的命题。事实上，时间几何学与空间几何学之间的差异不是非常深奥，数学家单独用的记号轻而易举地忽略了这一差别。我们依然把扩展了的几何学叫作（确实不严谨的）欧几里得几何，或者，如果有必要强调差别的话，我们就称它为双曲几何学。非欧几里得几何学一词意指一个更深刻的变化，即涉及我们现在在用于表示重力现象的空间和时间的弯曲关系。我们从欧几里得空间几何学开始，当附加了时间维度时，我们采用相对简单的方式加以修正，但这样做依然没有计入重力。只要是可以观察到重力效果的地方，就表明扩展的欧几里得几何学就不会十分正确，而真正的几何学是非欧几里得几何学——它适合于弯曲地带，正如欧几里得几何学适合于平坦地带一样。

几何学与力学

值得特别关注的一点是，时间三角形命题是一个对于以不同速度运动的时钟行为的说明,我们通常把时钟的行为视为属于力学科学领域的存在。我们发现把几何学限制在单独的空间内是不可能的,不得不把它略作扩展。几何学报复性地扩展从力学领域夺取了很大一片领域,而它并未止步,如今几何学已经一点一点地把力学整体吞并了,它又在尝试进军电磁学领域。在我们面前闪耀着一个可能很难达到但不可抗拒的理想,即我们关于物理世界的全部知识可能被统一到一个单独的科学里,这个科学可以用几何学或准几何学概念的术语来表示。为什么不呢?所有知识都是用不同的仪器进行测量得到的,用于不同研究领域内的仪器没有根本上的不同,没有理由把在人类思想早期阶段所造成的科学上的隔离看作是不可消除的。

但是力学在变成几何学时依然保持为力学,力学与几何学之间的区分已经崩溃了,它们每个的性质已遍布于全体了。几何学明显的优越之处在于,它拥有更丰富也更适用的术语的事实。在两者融合后,我们不必采用双倍的术语,所使用的术语一般都取自几何学。但是除了力学的几何化以外,还有几何学的力学化。上面所引用的关于空间三角形的命题,看来好像具有关于测量尺行为的大略的物质含义,将其视为纯粹力学命题的任何人都不会意识到这个测量尺。

我们必须从心里排除科学上的空间这一术语无论如何都与真空(Void)有关的观念。如前面所解释的,它有表示物理测定的量的距离、体积等其他的意义,恰如力是表示物理学的测定的量一样。因此(确实粗略地说)爱因斯坦的理论把重力简化为一种空间性质的解释应该不致引起疑虑。任何情形下物理学家都不会把空间设想为真空,空间即使不含有一切其他东西,但依然有以太存在,那些出于某种原因不喜欢以太一词的人自由地在真空中播撒着数学记号。我假定他们必然要为这些记号设想某种特定的背景。我并未假想,任何人会提议甚至要从完全的无有之中建造如"力"那样相对和难捉摸的东西。

第七章
重力的解释

弯曲的法则

重力是能够解释的。爱因斯坦的理论本来不是对重力的解释,当他告诉我们重力场对应于空间和时间的弯曲,就给了我们一幅图景。通过该景象我们获得了推导各种观察结果所必需的洞察力。但是这里还留下一个进一步的问题,即对为何图景所示的事物的状态应该存在是否能给出任何理由。当我们在任何深远的感受中提到"解释"重力时,我们意指这个深入的问题。

第一眼来看,新的图景并没留出多少解释的空间,它给我们现实一个起伏的圆丘状的世界,而无重力的世界将是平坦的和均匀的。但确定无疑的是,平坦的草地比一个起伏的原野更需解释,对无重力的世界的解释比有重力的世界更加困难。如果我们(在建造世界之际)特别小心地把它除去,那么要求解释一个全然不存在的现象几乎是不可能的。

如果弯曲是完全随意的,这就是解释的完结,但这里存在着一条弯曲的法则——爱因斯坦的重力法则,我们进一步的探究也必须集中于这个法则。对于归整性有必要解释,对于多样性则无须解释。我们的好奇心被唤起了,并不是因为把这个世界与平坦的世界区别开的弯曲的10个辅助系数的不同的值,而是因为10个主系数在每个地方都消失所唤起的。

有关牛顿学派的所有重力的解释均致力于表明,为何某些事物(我不敬地称其为恶魔)在世界上存在。基于爱因斯坦理论的解释必须能表明为何某些事物(我称之为主要的弯曲)被从世界排除。

在前一章中已把重力法则表述为这样的形式——在空洞的空间里弯曲的10个主要系数消失了,现在我要把形式稍加变化来重新说明——

在空洞的空间的任意一点、沿任意方向切割的世界的每一个三维断面的球面弯曲半径①恒为相同的固定长度。

除了形式的变化外,实际上在两种说明之间还有少许内容上的差异。第二种说法对应于更新的理论,据信是爱因斯坦在发表了他的最初的理论一二年后所给出的更为精确的公式,在意识到空间是有限但无界的之后,这一修正就很有必要。如果我们把"相同的固定长度"代之以"无限长",那么第二种说法便准确地与第一种说法一致。除了非常假想的估计以外,我们并不知道相同的固定长度所指为何物,但可以确定,它必定要比到最远的星云的距离,比如说 10^{20} 英里要大。对我们大部分的论争和研究而言,没有必要区分如此大的长度与无限长,但在本章是必要的。

我们必须尝试找出隐藏在法则晦涩字句后面的鲜活清晰的意义。

---

① 世界的柱面弯曲与重力无任何关系,就我们所知与任何其他现象也无任何关系。在圆柱表面所画的任何图均可不经扭曲而展开成平面图形,而在前一章所引入的弯曲是对在我们熟悉的平面地图上出现的扭曲进行说明,因此它是一种球面弯曲类型而非柱面弯曲类型。

假定你们在为一架望远镜订购凹面镜,为了获得你所希望的镜子,你必须确定两个长度:(一)孔径和(二)曲率半径,这两个长度都属于镜子的——对于描述你意欲购买的那种镜子它们都是必要的,但是它们属于镜子的不同方面。你们可以定购曲率半径为 100 英尺(1 英尺＝0.3048 米)的镜子,然后通过邮包拿到它。在某种意义上,100 英尺这个长度与镜子共同旅行,但是它是以邮局职员并未意识到的状态下旅行的。该长度特别地属于镜子表面这个二维连续体,空间一时间是四维连续体,照此类推,你们可以知道能够得到与此相似的属于一片空间一时间的长度。这些长度虽然与空间一时间片的大小都无任何关系,但对规定特定的空间一时间样本却是不可或缺的。由于多了两个维度,与空间一时间相关联的长度将比与镜子表面相关联的长度多得多。特别地,不仅仅具有一个总体的球面弯曲半径,而且具有与你倾向采用的任何方向相对应的半径。为简单起见,我将其称为世界的"方向半径"。现在假定你们订购了在某个方向上方向直径为 500 兆(万亿)英里,而在另一方向上方向直径为 800 兆英里的一片空间一时间。"自然"答复说:"不卖,我们没有那样的库存,我们保存着涉及其他详细规定的广泛的选择。但是关于方向半径,我们在不同的方向上并没有不同的半径。实际上,我们所有的货品都有一个标准半径,X 兆英里。"我不能告诉你们 X 表示什么数,因为那依然是一个商业秘密。

世人可能会很容易地想到,方向半径对不同的点、不同的方向等均会不同,而世界上的方向半径仅有一个标准值这个事实正是爱因斯坦的重力法则。根据该法则,我们能够通过严格的数学推导计算出星球的运动,并预言例如下个千年间的日食或月食。这一点早已说明过,因为重力法则也包含运动法则,牛顿的重力法则是爱因斯坦重力法则在实际计算的近似应用。建于法则之上的所有事物都很清楚,但是位于法则后面的又是什么呢? 这便是我们现在必须探究的问题。

长度的相对性

绝对长度是不存在的,我们只能用一种物体的长度来表示另外一种物体的长度。① 所以当我们提到方向半径的长度时,我们意指它的长度是与标准米尺相比较的长度。此外长度比较时两个长度必须靠在一起。远距离长度如同远距离作用的比较一样是不可想象的,再有,还因为比较比作用的概念更明确一些。我们或者必须把标准米尺运送到长度测量现场,或者必须采用我们满意的一些设备,它们能够给出与我们实际运送米尺相同的结果。

现在如果我们把米尺竿传送到另外一个时空点,它是否依然保持一米长吗?是的,它当然保持那么长——只要它还是长度标准,它除了是一米外不能是其他任何东西。但是它确实还保持它原来那一米长吗?我不知道你这个问题是何意?如果不存在任何我们能够参照的来暴露标准竿的错误,那么对于自然也就不存在我们能够参照的来想象自然的可能错误。标准竿还是可以选用但要特别注意,它的材料是选择用于满足特定条件的——尽可能少受随机效应如温度、应力或腐蚀的影响,以便它的长度可以仅仅依赖于其周围环境的最本质的性质——现在的和过去的。② 我们不能说选择它是来保持相同的绝对长度的,因

---

① 这种相对于标准单位的相对性,当然是相对于第一章所谈到的观察者的运动的相对性的补充而又独立于它。
② 只要这些随机效应不能通过材料选择和标准竿的谨慎使用完全消除,就必须进行适当的修正。但是标准竿绝不能因为它所测定的空间的本质特性而加以修正。我们对于测量温度的电压计的读数进行修正,但是如果对所采用的电压的效果进行修正就没有任何意义。随机影响与本质影响——前者需要修正后者不需要修正——之间的差别根据于测量的目的而定。测量竿用以测量空间,而空间的本质特性则是"可计量性"。如果空间具有某种其他的计量特性,那么对于测量尺所指示的数值进行修正就没有意义。涉及计量性的世界的区域也可能包含电场,因为测量竿不是用于考察电场的,所以电场就被视为随机特性了。我的意思并不是说,从更宽广的观点来看电场对于空间区域而言并不比它的特殊计量性不重要。如果它的任何一种性质都与其实际性质不同,那就很难说它保持着同样的区域有什么意义。这一点在这里难不倒我们,因为世界的绝大部分地域除了可计量性外,实际上是没有任何特性的,而重力法则无论理论上还是实际上在这些地方都适用。但是,似乎都期望讨论本质和随机特性的区别,因为有些人知道我们不可避免地在所有情形下都得对随机影响进行修正,把它视为采用任何修正系统的认可——这个过程只是产生了一个把测量能够告诉我们的本质特性隐藏的效果。

为已知不存在绝对长度；但是它之所以被选择，以便它不可能被随机效应避免来保持相同的相对长度——相对于何者的长度呢？相对于与它身处其中的地带不可分割的某个长度。我想象不出其他的回答，与所处地带不可分割的长度的一个例子就是方向半径。

方向半径的大小确定如下：当标准米尺在新的测量位置或沿着新的方向时，它所测量的是该位置和方向的世界的方向半径，所得到的是方向半径的确定的一部分的范围。我不知道它还能得到其他什么。我们能够想象测量竿在新的环境中有些困惑，它在犹疑新环境到底是多大——这个生疏地带的边界应该如何考虑。它想按照以前的方法去做，纵使回想起它以前充满的空间区域，由于不具有地标特性，所以也没有帮助。它能够认识的唯一东西，便是属于在那里它发现自身的地方的一个方向长度，所以它和以前做的一样，使自己成为这个方向长度的同一个部分。

如果标准米尺总是方向半径的同一个部分，那么方向半径就总是相同的米数，因此，方向半径看来对于所有的位置和方向都具有同样的长度，由此我们就得到了重力法则。

当我们发现自然的法则里，弯曲的方向半径对于所有的位置和方向都相同而觉得很讶异时，我们并未意识到我们的长度单位已把自身变成了方向半径的恒定的部分，所有的事就是个恶劣的循环，重力法则是一个预谋。

这种解释带不来新的假说。如果说，一个标准规格的物质体系总是占据着它所在的区域的方向半径的固定的部分，那我们只是在重复爱因斯坦的重力法则——把它反过来叙述而已。暂时把杆这一行为是否是可以预期的疑问搁置一边，那重力法则就保证那便是杆的行为。但是要知道这一解释的效力，我们必须认识到范围的相对性，不相对于环境内的某些事物的范围没有意义。想象一下你自己只身处在虚无之中,试问你有多大？标准尺的范围的确定性只能为它对某种其他的尺度范围之比的确定性。但是我们现在说到的是置于空洞的空间中的尺度的范围,所以除开所在区域所属或暗含的计量性的范围以外,所有的参考标准均被除去。由此得到结论:因为我们已经接受作为长度单位的常数关系,这样的一个范围,根据我们的测量必然处处均显示为常数(同质性和各向同性)。

实际世界具有 10 个为零的弯曲(或者它的各向同性方向弯曲)系数,它需要特殊的说明。按照这个观点,我们逐步接近问题的实质了,于是我们就在心里把它与纯数学家所提出的、具有完全任意弯曲的世界相比较。但是事实上任意弯曲的世界是完全不可能的,如果不是方向半径的话,那么从计量性得到的某个其他的方向长度就必然具有同质性和各向同性。在应用纯数学家的观念时,我们忽略了这个事实:即数学家想象着一个用外来的标准从外部进行考察的世界,而我们不得不采用合适的标准在内部来考察世界。

由此重力法则的解释表现为,我们面对的是一个从内部考察的世界这一事实。从这个更宽广的观点来看,前述的理由能够普遍化,使之不仅适用于米尺测量,也能适用于实践上通常被视为同等替代方法的光学方法测量。当我们回想起测量仪器本身没有范围,而是与世界有关时才具有范围,因此空间的测量实际上是空间的自我比较,那么此类自我比较完全能够揭露任何的异质性或许令人惊异。事实上,能够证实,从内部考察的两维或三维世界的计量性必然是均匀的,对于四维或四维以上的世界,异质性成为可能,但是一种被施加某些同质性度量的法则所限制的异质性。

我相信,这与怀特海德(Whitehead)博士对相对性的极其异端的见解密切相关。他与爱因斯坦割袍断袖,因为他不愿承认包含在爱因斯坦理论中的空间—时间的非均匀性。"我推断,我们的经验要求并显示出均匀性的基础。在自然情形下,这一基础自身显现为空间—时间关系的一致性。这个结论完全把爱因斯坦后期的理论内核的这些关系的随机异质性割裂了。"① 但是现在我们看到,爱因斯坦的理论主张由一套十个系数反映随机异质性,其他十个系数完全一致,因此怀特海德的理论并非没有留下一致性基础,有关这一点怀特海德以自己的方式认识到一致性的必要性。此外,一致性不是随意强加给世界的法则的结果,它与从内部对世界的考察——我想这恰是怀特海所要求的条件的概念不可分割。如果空间—时间的世界有二维的或三维的,那么怀特海德便完全正确,但那样的话也不会存在爱因斯坦的重力理论供其批判了。空间—时间是四维的,我们必须承认怀特海德发现了关于一致性的一个重要真理,但却用错了。

四维世界中任意方向上的物体的扩展通过比较该方向上的弯曲半径来确定,这个结论有一个奇特的结果,只要四维世界中的方向是空间类型的便不会有困难。但是只要我们转到时间类型的方向(在绝对的过去和绝对的将来的圆锥形内)时,方向半径就是一个想象的长度。除非物体忽视了警示信号时,它没有参照标准决定它的时间扩展。它没有标准的时间持续。电子通过在它的空间方向上测量它自身相对于世界半径的关系来确定它应该多大。因为在它的时间方向上没有真实的世界半径,所以它不能决定它应该存在多长时间,因此,电子就无限存在。这并非要作为电子永生不灭的严格的证明,通常易于受到这些观点所强加的条件——即除了计量性外没有其他效应干扰延展性的影响,但是,它表明电子行为简单,该行为至少是我们希望发现的。②

---

① A. N. Whitehead,相对性原理,序言。
② 另一方面,量子(见第九章)具有与其相关联的一个明确的周期性,因此它必然能够相对于一个时间范围量度自身。任何考虑新量子理论的数学方程的人都可以看见与居中的记号做斗争的充分的证据。

法则的预言

我猜想,发现本以为控制星球和星球运行的法则却变成了苛求测量尺行为的法则,在开始时确实令人震惊。但是,重力法则却未给出有关测量仪器的行为不起重要作用的预测。该法则一个代表性的预言是,在某一日,一长为3844万米的竿子的两端连着地球和月球。我们可以用更迂回曲折的语言来表达,但都是这个意思。当检验这个预言时,我们依靠间接的证据而非按照字面意思做实验,这个事实并不重要,预言是诚心诚意做出来的,并未有意利用我们校核上的疏忽。

我们把重力法则当作一个预谋而不难过,希望你们知道,在遭受了如此的名誉诋毁之后,重力法则如何依然主张能预言将来要发生的日食月食及其他事件。

一个著名哲学家曾经说过:"星球并非受机械力的作用这样或那样运动,它们都处于自由运动。如古人所云,它们像神仙一样走着自己的路。"①

这种话即使对哲学家而言听来也特别愚蠢。不过我相信,它在一种意义上是对的。

我们已经知道了描述地球绕太阳旋转的椭圆轨道时,地球试图采取的3种方式:

(1)它尝试沿直线运行,但是被太阳发出的引力粗暴地推开。

(2)它采取通过太阳周围的弯曲的空间—时间中最长的可能路径。

(3)它调整运行轨道,避免在它周围的空洞的空间中引发任何非法的弯曲种类。

我们现在加上第四种方式:

---

①黑格尔 Werke(1842 Ed)Bd. 7, Abt. 1, p. 97。

(4)地球随意而行。

既然我们已经看到,包含"非法"弯曲的空洞空间的数学图景在从内部考察的世界里是完全不可能的,因此从第三种方式到第四种方式并有多大的跨度。因为如果非法弯曲是完全不可能的,那么地球不见得一定要特别留心避免非法弯曲发生,所以就能做它高兴的任何事。然而,这种不可能弯曲的不发生,是我们用于计算地球轨道的(重力)法则。

解决这种自相矛盾的钥匙在于我们自己,我们的习惯以及吸引我们兴趣的事物种类等,比我们意识到的要更为关注我们对物理世界的物体如何运行的解释。因此,通过我们规定的体系去看,似乎以很特别和引人关注的方式运行的物体,若从另一套规定的体系去看,可能一无是处而不会引起特别关注。如果我们来考察一个实际的例子就会更清晰,同时也为第四种方式给以辩护。

你们可能会说,地球必须确定无疑地到达明年(1927年)6月的正确的日食位置,所以它不能自由地走它高兴去的任何地方。我觉得它可以,我坚信地球可以走它高兴去的任何地方。下面的事情便是我们必须发现地球已经高兴走过的地方,于我们而言,重要的问题,不是地球在这个现象背后的不可测知绝对中所到达的地方,而是我们将在我们传统的空间和时间背景中确定它位于何处。我们必须测定它的位置,例如,测定它与太阳的距离。在图 6 里,SS_1 表示我们作为太阳的世界中的山脊;我之所以把地球的山脊画两道(EE_1 和 EE_2),是因为我想象地球还没决定它将采取哪条轨道。如果它采取 EE_1,那么我们便把我们的测量尺端对端地布设在山脊下面,横过山谷从 S_1 到 E_1,计算出读数并把这个结果报告为地球与太阳之间距离。你们应该该记得,测量杆根据世界的弯曲按比例调节他们的长度。沿着这个地形的弯曲相当大,弯曲半径就很小。因此测量杆小,沿 S_1E_1 需要比图中给出的预计要多得多的测量杆数。如果地球选择向 E_2 行进,弯曲便不太陡峭了,弯曲半径越大则竿的长度也越大。从 S_1 伸展到 E_2 的竿的数目不比图中第一种方式的大,在图上不会像 S_1E_2 相对于 S_1E_1 的比例一样增加。如果测量竿的数目在两种情形下变的一样,我们切不可惊奇。如果这样,那么无论轨道是 EE_1 或 EE_2 测量者都要报告从地球到太阳的距离相同。在数年前发表同一距离的航海天文历监督官将声称他正确地预测了地球要去的地方。

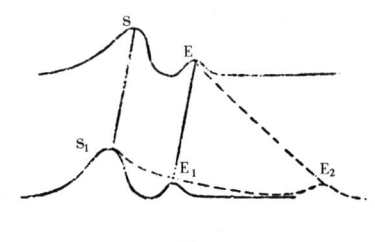

图 6

所以你们看到了,地球能够随意优游,而我们的测量将依然报告它是在航海天文历所指定给它的位置上。航海天文历监督官的预言没有注意到神仙般的地球的奇特行为,那些预言是根据我们测量地球所选择的路径时要发生的事情来的。我们将采用能够调节自身适应世界弯曲的测量杆来测量地球的路径。这个事实的数学表达是预言中所应用的重力法则。

或者你们会反对,说天文学家实际上并没有通过星际空间端对端地设置测量尺,以便找到星球所在的地方。事实上,星球的位置是根据光线推断出来的。但是,光在行进时必须找到行进路线以便"直"行,恰如米尺不得不找到延伸多远一样。计量性或弯曲是对于光的标志杆,如同它是对于测量尺的一个标准尺一样。光的轨道实际上被弯曲所控制,由此它不能暴露虚伪的弯曲法则。因此只要太阳、月亮和地球可以达到的地方,光都不把它们的行动泄露给我们。如果弯曲法则预示一个蚀,那么光将采取发生一个蚀的轨道。重力法则不是支配天体的严格的统治者,它是隐蔽它们过失的好心的同谋。

我建议你们不要试图由图6验证沿着S_1E_1(实线)及S_1E_2(虚线)上测量竿的数目相同。在图上除了空间—时间在其中必须想象成弯曲的额外的维度以外,还有两个空间—时间的维度被省略了,而且它是球面弯曲而非柱面弯曲,这个弯曲是长度的标准尺。这是一件虽然费力但有启发意义的任务,以便进行直接验证。但是我们先前已经知道,地球到太阳的测定距离对于任一轨道都必须相同。重力法则的数学表达为$G_{\mu\nu}=\lambda g_{\mu\nu}$,并不比各处的长度单位均为该点的世界方向半径的固定部分意义多或少。由于预言地球未来位置的天文学家并未对地球如何选择运行,做出任何超出重力法则$G_{\mu\nu}=\lambda g_{\mu\nu}$表达之外的任何假设,如果我们除了假设在包括位置测量的实际单位长度是方向半径的恒定部分以外,并未再做假定,那么我们便可以发现地球的同一个位置。我们不必确定这个轨道到底是EE_1代表还是EE_2代表。即使我们知道何者为代表,它也不会向任何所观察的现象传送信息。

我将在其他地方必须强调,我们全部的物理学知识都基于测量,物理学世界说起来包括建立在处于物理领域之外的影子背景之上的测量群。因此在设想一个远离我们所做的测量的世界的存在时,我们突破了我们所谓的物理实际的界限了。我对如下观点——就其本质而言不可测的奇异行为没有权利主张物理存在——并无异议。没人知道这样的奇异行为有什么意义。我说,地球可以去它选择去的任何地方,但并未提供"何处"给它选择,因为我们有关"何处"的概念立足于在那个阶段却无以进行的空间的测量,但是我并不认为我不合逻辑。我力主,地球不管要做什么,都不能脱离重力法则为它设定的轨道。为说明这一点,我必须假定,地球已经尝试过,而且偷偷地靠近了太阳。在此我要指出,我们的测量数据却沉瀣一气悄悄地把它的位置归回到其固有轨道,最终我不得不承认地球从未脱离它的固有轨道。① 我对此并不在意,因为我同时证明了我的论点。事实上,通过空间和时间为地球设定了一个可预测的轨道,这对地球的运行并不是一个真正的限制,而是我们从中获得地球运行的解释的正式方案所施加的影响。

非空洞的空间

方向半径恒定的法则不适用于不完全空洞的空间,也不再有任何理由预期它能适用。某个区域不是空洞的描述,意味着它除计量性以外还有其他的特性,由此米尺杆能够发现弯曲之外测量自身的长度。参照早期(十分近似的)重力法则的表达,10 个主弯曲系数在空洞的空间中为零,但在非空洞的空间中就有非零的值,因此把这些系数作为空间充实度的度量就很自然了。

其中一个系数对应质量(或能量),在大部分实际情形下它的重要性都超过其他系数。质量的旧的定义为"物质的量",将它与空间的充实性相关联。其他三个系数构成动量——具有三个独立分量的一个向量,剩下的 6 个主弯曲系数构成应力或压力体系。据此,只要它能够干扰我们用来探索空间的普通的测量仪器——时钟、测尺、光线等,质量、动量和应力就代表了一个区域的非空洞性。但是还要补充一点,这只是非空洞性的总述而非完全的说明,因为我们还有其他能提供更多细节的探索设备——磁石、验电器等。通常认为,当我们应用这些仪器设备时,我们所探索的不是空间,而是空间内的一个场。由此产生的区别,更多的是一个人为的不太可能被永远接受的区别。看起来,分别用测量尺和磁针罗盘探索世界的结果应该融合到一个统一的描述,正如我们把测尺和时钟的

---

①因为我不能对不在空间和时间内的轨道即测量所定位的轨道附加任何意义。但是我不能假定替代轨道无意义(与可能的测量相矛盾),除非我检验过。

探索结果融合到一起一样。在这个方面已经取得进展了。但是有个真实的理由允许部分分开处理,一种探索方式确定了世界基本构造的对称性,另一种则决定了世界基本构造的不对称性。①

常有人,尤其是哲学作家对爱因斯坦最初采用的时钟和测尺的粗糙提出反对,但爱因斯坦理论寻求使之维持有序的那个世界的实验知识的主体并不像上天赐予的灵感进入我们心中,而是时钟和测尺实际上在其中扮演重要角色的观测的结果,对那些习惯了原子和电子的人而言,时钟和测尺或许显得很粗糙,但却是我们在关于爱因斯坦的理论的章节中曾讨论的相应的总体知识。随着相对论的发展,总体上发现用运动粒子和光线代替时钟和测尺作为主要观测仪器都是令人满意的,这些都是比较简单的构造的测试品。但是与原子现象比,它们仍然比较粗糙。例如,光线不适于非常精密的测量,因此必须计入光的衍射。我们关于客观世界的知识不可能脱离我们由之获得知识的仪器的性质,重力法则的真实不能脱离我们由之确定其真实的实验过程而存在。

空间和时间体系的概念,以及以能量、动量等所描述的世界的非空洞的概念受限于宏观的仪器的观测。如果这些概念再难被此类测量支持,它们将消失而毫无意义了。特别地,不要想象原子内部能用宏观测量探测,我们不能把一个时钟或一把测尺放到一个原子内部。我们不能太过强烈地坚持距离、时间段、质量、能量、动量等术语,不能像我们在宏观经验中的那样用于描述原子,使用这些术语的原子物理学家必须为它们找到他自己的含义——必须声明他想象要测量它们时所用到的仪器。有时假设(除电场力之外)在原子核与外围电子之间存在一个微小的重力引力,它同太阳与其星球之间的重力一样都服从同一法则。这假定在我看来好像是个空想,但是在不存在如何假定对原子内的区

---

① 见第十一章"《世界建造》"中的"关系构造"部分。

域进行测量的任何指示的条件下，不可能讨论它。脱离了这样的测量，电子就"好像祝福之神"率性而为。

我们已经抵达伟大科学和哲学的兴趣点了，世界弯曲的 10 个主系数对于我们并不陌生，它们以其他的名义（能量、动量、应力）已经在科学的讨论中广为人知，这可与电磁理论发展中的著名转折点相提并论。这个主题的进展导致了探查电波和磁力通过以太的传播，于是，它们让麦克斯韦突然想起这些波并不陌生，而是已经以光的名称早已在我们的经验中所熟悉，辨识的方法相同。经过计算，电磁波将具有光被观察到的那些性质。同样的，经过计算，弯曲的 10 个系数恰好具有能量、动量及应力被观察到的那些性质，在此，我们仅指物理性质。没有物理理论能够先解释为何在我们心中对光有一种特别的映像，也不能解释在我们心中所引起的与那些含有质量的世界的部分相关联的物质的概念。

由同一性代替因果关系产生了一个相当大的简化。在牛顿派的理论上面，除非它（重力的说明）说明了一片物质由之而把握着周围的作用力，并使它成为从物质放射出的重力之影响的负运者而外。重力的说明是说不上完全的。在现今的理论中并未要求与之相应的任何事件，是没有要求的。我们并不追寻质量是怎样地抓着空间－事件、和怎样地产生我们的理论所假定的弯曲，那是同追问光是怎样抓着电磁的作用因而使之振动的事一样是多余的。光就是振动，质量就是弯曲，没有任何原因的结果是归于质量的，况且也少有任何结果归于物质的。我们与这些异常的歪曲的地方相关联的物质之概念，是心灵铭记冲突情景所建立的。你们访问古战场时，你们难道不曾问过纪念战争的纪念碑是如何引起这样多的杀戮吗？这种同一性的结论，我们在后面章节里还要多次用到。在离开关于重力的问题之前，我想稍稍讲一点关于空间弯曲和非欧几里得几何学的意义。

非欧几里得几何学

我一直以来鼓励你们把"空间——时间"想象成弯曲的,但是我也一直谨慎地提及,那是个物理图景而不是一个假设。那是对我们所讨论的给予我们以启示和指引的事物的图形表示。我们得自于该图的收获可以表示成更含糊的说法,空间—时间具有非欧几里得几何性。"弯曲空间"和"非欧几里得空间"在实践上是同义词,但两者确实表达了不同的观点。当我们尝试想象有限而无边际的空间时,困难的一步是把超球的内部和外部都除去。从弯曲空间转变到非欧几里得空间时,也有类似的难关——把所有的与外部及想象中的框架的关系统统舍去,而要把握存在于空间本身之内的那些关系。

如果你们要问格拉斯哥(Glasgow)到纽约的距离是多少,有两个可能的回答:一个人将告诉你们沿海面测量的距离,另一个人将回忆起还有一条通过地球隧道的更短的距离,第二个人所用的维度是在第一个人心中排除的。但是如果两个人对于距离都不一致,那么他们对几何学也不会一致,因为几何学就是关于距离法则的,忘记或无视一个维度会得到不同的几何学。第二个人的距离服从三维欧几里得几何,第一个人的距离服从二维非欧几里得几何。因此,如果你们把注意力非常专注于地球表面以致忘记了地球内部和地球外部的存在,那么你们可以说,它是非欧几里得几何的两维复本。但是如果你们回想起在地球周围到处都存在三维空间,能够实现点到点之间的更短的路程,那样你们就回到欧几里得几何了。你们可能会说上面第一种距离不是合适的距离,由此为非欧几里得几何学"开脱",这似乎是对非欧几里得几何如何——通过错漏一维,产生的最为容易的方法了,但是我们也不能必然推断非欧几里得几何非此不可能产生。

在弥漫着重力的我们的四维世界里,距离服从非欧几里得几何学,这是否因为我们把注意力全部集中于四维而漏掉了通过远方地带的近道的缘故？借助6个额外的维度我们能够回到欧几里得几何学。此时,我们通常的世界上的点到点的距离不是"真实"距离,真实距离是通过一个八维或九维空间沿更短的途径。我想,把世界在一个十维的超世界中弯曲起来,以便提供这些捷径,无疑将有助于我们形成一个它的非欧几里得几何学的性质的观念。无论如何,这幅图景暗示了描述那些性质的有用的词语。但是我们不会把这些额外的维度当作一个字面事实而接受,除非我们把非欧几里得几何学视为不计代价都必须"开脱"的事。

在这二者——在十维度欧几里得空间里弯曲的复本或者非欧几里得几何学里没有额外维度的复本—之间,何者正确？因为我害怕我会迷失在形而上学的大雾中,我确实不愿意直接作答,但是我可以即刻说我并不严肃看待这十个维度,而是很严肃地看待世界的非欧几里得几何学,并不把它看成是一件需要"开脱"的事。我们之中许多人在学校都学过,欧几里得公理的真理性能够直观地看到,这个观点如今遭到普遍放弃。我们不再能直观地确定空间法则,正如不能直观确定遗传法则一样。如果排除直观的话,那么必须求助于实验——不受预置定论的任何先入之见束缚的、真正的、不带偏见的实验。我们以后决不再回到实验了,因为实验使空间略显非欧几里得的缘故。非常确切的是,能够找到一个出路。通过创造额外的维度,我们能够使世界的非欧几里得几何依赖于十个维度的欧几里得几何。我相信,即便我们能够证明世界是欧几里得型的,我们也使世界的几何依赖于十个维度的非欧几里得几何。没有人会严肃对待后一个提议,也没有理由能够更严肃地对待前一个提议。

我并不认为这六个额外的维度有坚定的拥趸,但是我们常常碰到把欧几里得几何以另一种方式重置到世界的企图。一个极其厚颜无耻的方案是,因为我们所测量的长度不服从欧几里得几何,因此必须对它们进行修正——调整它们直至其服从欧几里得几何。一个经常提到的与之关系密切的观点是,空间既不是欧几里得几何的又不是非欧几里得几何的,它完全是一个规约的事情,我们可自由采用我们选择的任何几何学。[1] 自然了,如果我们坚持我们自己有采用所喜欢的任何修正施加到我们的实验测量的自由,那我们便能够实验测量服从任何法则。但是这样做有价值吗？宣称任何种类几何学都可以容许,这个说法只能在如下假设下成立,即长度没有固定值——也即物理学家在谈到长度时他不(或应该不)表示任何特定的意义。我怕对于认定我的话没有特别意义的人而言,要弄清我的意思会有困难,但是对于那些认为我的言词有意义的人而言,我将打消任何可能的怀疑。物理学家习惯于用一长串有效数字来表示长度,要确定这些长度的意义,我们必须找出它们是如何得到的,我们发现它们是与规定物质组成的标准范围比较得到的(我们可以停下来注意标准的物质组成的范围,可以正确地看作在我们环境的物理学考察中所最早探究的主题之一)。这些长度是我们寻求周围世界知识的门户,不管它们是否依然在世界构造的最终图景中占据显赫的地位,仍将在研究进程中显露出来,我们不做如此预判。实际上我们不久就发现单独采用的空间长度或时间长度是相对的,只有它们相结合才能预期在最终的世界构造中有所表现,即便以最卑微的能力表现。同时,通过门户的第一步带领我们到达这些长度所服从的几何学——非常接近欧几里得几何,但实质是非欧几里得几何的——正如我们所看到的,十个主弯曲系数消失了的非欧几里得几何学的明确的类型。在本章中我们已表明,限制不是任意的,尽管

---

[1] 作为关于这个态度的最新的例子,我可以参考罗素的《物质的分析》——一本我通常不与他意见不一致的书——的七八页。"尽管爱丁顿似乎认为有必要采用爱因斯坦的可变空间,但怀特海德却认为有必要抛弃它。至于我呢,我看不出我们为何要赞同任何一方的观点,这问题似乎变成了一种便利的公式解释"。罗素的观点在一篇评论中为 C. D. Broad 所称道。

如果同样的表示出现在其他方式定义的长度可能令人惊异,以标准物质的范围表示是长度的必要性质。我们必须停下来关注一下,如果我们对长度表示不同的意义,是否我们将发现一个不同的几何？我们确实应该如此。如果我们对电场力表示不同的意义,就将发现与麦克斯韦方程的方程式。因为我们的长度表示着它们所表达的意义,所以我们不仅在经验上而且在理论推理上,都得到了我们所表达的几何学。

在处理纯数学家的批评时我延宕了时日,在他们的印象里几何学是一个完全属于他们的主题。实验知识的每个分支都趋于把自身与特别的数学研究主题相关联。最初曾被呼为仆人的纯粹数学家如今喜欢把自己称为主人,数学命题的集合于他而言变成了研究的主题。当他意欲把原先的前提加以改变或普遍化时,他并不请求"自然"的许可,因此他能够不受实际空间测量的任何限制的束缚而得到一种几何学,能够不受重力势能的和电场势能如何起作用的任何问题的束缚而得到一种势能理论,能够得到与任何物质的流体的运动性质相反的理想流体运动的流体力学。但是似乎只在几何学上,他已经忘记了曾经有过一个同名的物理主题,甚而愤慨于在他的抽象数学网络以外的任何事物用这个名称。我认为,无论在语源上还是在传统上,都不能诋毁几何学是我们周围空间测量的科学,而且不管数学的超级结构现在如何比观测基础重要,说它是一个实验科学还是恰当的。这一点已经充分反映在学校里的"改良法"几何教学上了。孩子们被教授通过测量来验证特定的几何学命题是真的或者接近于真。没有人怀疑几何作为一个纯粹的数学主题自由发展的益处,而且只有当这个主题尽可能地与得自于观察和测量的量相关联,它才会在"物理世界之本质"的讨论中留下浓墨重彩的一笔。

第八章
人在宇宙中的位置

星球的宇宙

世界上最大的望远镜能发现大约 10 亿个星球,望远镜能力的每一次提高都使星球的数目增加,所以我们几乎不可能对必须存在多少颗星球的数量进行限制。但是也有穷尽的迹象。显然,环绕我们的星球并不是在无限的空间中均匀分布的。开始的时候,对光的把握能力提高一倍,能够看到的星球的数量将提高 3 倍,但是这个数会减小,在巨大的望远镜看到的微光极限处它将变为 1.8 倍,这一比例在那个阶段还将急剧减小。似乎我们就要达到一个极限,即望远镜能力的提高将不会看到许多额外的星球。

曾经尝试过,通过有风险性的外推方法得到星球的总数,有时引用 30 亿到 300 亿作为星球的总数。但是困难在于,我们主要考察的星系宇宙部分是一个局部的凝聚态体系或星云,这些凝聚态体系或星云形成巨大的多的系统的一部分。沿天空的某个特定方向上,我们的望远镜深达该系统的极限,但是在另外的方向上,它的范围对我们而言是如此广袤而难以探寻。黑夜里在天空形成一条璀璨光带的天河表明在目力所及范围内,各个方向上星星之后还是星星,这个巨大的扁平状星带分布被称为银河系。它所形成的盘状分布厚度比其广度要小。银河系部分破碎成亚凝聚态,它可能卷曲成螺旋状,形似天空中观察到的数量巨大的螺旋星云。银河系的中心(银心)在人马座方向,它隐藏起来不为我们所见,原因不只是因为距离太远,而且在一定程度上是由于暗物质(黑暗的云雾状体)的存在遮挡了它们后面的星光。

我们必须区分我们所处的局部星云和我们局部星云为其一部分的巨大的银河系,星球数量主要地(但不是全部)与局部星云有关,世界上最高级的望远镜正开始寻找全部这些星球。我们的局部星云也具有一个扁平的形状——状如银河系的盘状结构。如果把银河系比作圆盘,那么我们的局部星云就像一个小圆饼,圆饼的厚度大约为其宽度的三分之一,圆饼大小从一边到另一边光最少也要走2000年。2000年只是个粗略的测量结果,因为它处于模糊的凝聚态,难以清晰地与其他临近的凝聚态分开。全体银河系螺旋星云的范围为10万光年量级,很难怀疑银河系的扁平形状应归于快速旋转,确实也有直接的强烈旋转速度的证据,但是,几乎所有天体都处于快速旋转仍然是一个进化未解之谜。

在这巨大的星群之中,太阳只不过是一个微末之辈。在亮度上,太阳只处于中等,是一颗很普通的恒星。我们知道有能够发出至少10000倍太阳光的星球,我们也知道只发出万分之一太阳光的星球,但暗弱星球的数量远远超过那些明亮的星球。无论质量、表面温度还是体积,太阳都属于恒星中极其普通的一类,它的运动速度接近平均水平,它并未显示出比多样性更能引发天文学家关注的夺人眼目的现象。在恒星社会中,太阳相当于一个受人尊敬的中产阶级,它偶然地居于非常靠近局部星云中心的位置,但是这个明显有利的位置却由于局部星团本身对于银河系处于远离中心的位置(实际上靠近银河系的边缘)而大打折扣,我们不能断言位于宇宙中心。

对银河系的想象,使我们产生我们自己的小小世界微不足道的感觉,但我们仍然还得在卑微的峡谷里更往下走,银河系只是百万或更多螺旋状星云中的一个。尽管很早以前一直怀疑,但现在似乎无可怀疑螺旋状星云是与我们的星云相脱离的"宇宙岛",它们也是构建于相同盘状结构之上的巨大的星系——或者处于向星球演进阶段的系统。我们看到它们的一部分边缘而能判断圆盘的扁平,其他边缘则沿着宽度方向显示出双螺旋凝聚态结构。许多星云显示出暗星云物质破碎形成常规星体而遮蔽了星光的效果,在少数最接近的几个螺旋星云里面有可能逐个探测到最为明亮的星球,星云里能观察到众多的星球和新星,如同在我们的太阳系一样。从星球可辨识的特征的明亮程度(尤其是仙王座的变光星)有可能判断距离,最近的螺旋星云在85万光年以外。

从现在所收集的少量数据来看,似乎我们自己的星云或银河系异常巨大,甚至提出如果螺旋星云是"岛",那么银河系就是一个"大陆"。但是我们也没有更过硬的证据,敢于主张银河系最大。

问题自然又出现了——这种分布能延伸多远?这一次不只是星球,还有宇宙也是在视线之外,一个躲在另一个后面。这种分布也会有终止吗?想象怕是必须再次飞跃,想象一下星球之上有螺旋星云,螺旋星云之上又有超级星系。但是有个很微弱的证据之光显现出来,或许这次我们达到了星系结构的顶点,螺旋状星云所构成的星系就是整个世界。如早已解释过的,现代的观点是空间有但无边际,在这样的空间里,已走过"环游世界"很大一部分路程的光在振动中变慢了,结果所有的光谱线都向红光方向移动。通常我们都把光谱线向红光方向移动解释为光线速度降低的幅度增加。现在经过测定,大多数的螺旋星云显示出常常超过每秒 1000 公里的巨大的速度降低,这真是一个令人震惊的事实。仅仅只有两个严重的例外,他们是比其他星球更接近我们星球的最大的螺旋星云。按照一般的理由,要说明为什么这两个其他的宇宙如此快速而又一致地远离我们是很困难的,为什么它们要像躲瘟神一样逃离我们呢?但是如果实际上所观察到的是这些物体所发射出的光在旅行过"环游世界"很大一部分旅程之后振动减缓的话,这个现象又是可以理解的。根据该理论,空间半径为所观测到的星云的平均距离的 20 倍,或者说 1 亿光年,它为数百万螺旋星云提供了家园,但超出这个范围以后就没有什么东西了。没有任何"超出"——在球空间中"超出"把我们从反方向带回地球。①

时间的规模

时光走廊穿过过去往回延伸。我们可以对时间如何开始没有概念,但是在某个阶段,我们想象真空被充满了比最稀薄的星云还要稀薄的物质,稀疏散布的原子在无定形的混乱中忽此忽彼地运动。

"眺望着混沌之王,他暗黑的宫殿弥漫到荒凉的深渊之中。"②

于是慢慢就感受到重力的作用了。凝聚中心开始构建自身,它开始吸引其他的物质。第一层区分是诸如我们银河系一类的星系,第二层亚凝聚态把星云或星团分开,星云或星团又分成各个星球。

在各个部分里,进化达到的程度不同。我们观察处于不同发展阶

---

① 一个非常巨大的空间的半径(1000 亿光年)最近被休白尔(Huble)提出。但是他的计算的基础,虽然与螺旋星云有关但并不相同,于我而言是不可接受的。它是根据爱因斯坦所提出的早期的封闭空间理论,该理论一般认为是要被取代的。上述理论(应归于 W. 达. 舍特 de. Sitter)自然是很投机的,但它是我们所有的关于空间维度的唯一的线索。
② 这是引自米尔顿《失乐园》第二卷 959~961 行的诗句。——译者注

段的星云和星团,有些星球依然非常稀薄,另外的星球如太阳由密度大于水的物质凝聚而成,其他的星球发展阶段更高,收缩到不可想象的密度。但星球的起源是一个经过或正在经过一个原始的分布的、单一的进化过程,这一点不容抱持任何怀疑。以前,一个星球之诞生被自由地推测为就像一个动物诞生一样,是一种个别事件。两个已死亡很久的星球不时地碰撞并在碰撞能量作用下转变成蒸汽,凝聚随之发生,作为一个发光体的生命全部重行开始。我们几乎不能确定这类事不会发生,不能说太阳注定不会有第二或第三活动期,但是从星球间所追寻的种种关系来判断,显然,星球的宇宙所存在的现阶段是第一个活动期。我们看到星群以适当的运动掠过天际运行;这些必然有一个单一的起源,不可能由偶然的碰撞形成。另外一个被丢弃的猜想是,发光的星球或许是个例外,对每一个发光的星球可能存在数千个死亡的星球,通过重力对星球平均速度的影响有办法估计星际空间中的总体质量,已发现发光的星球的质量接近所承认的总体质量,暗星所占的质量极其有限。

生物学家和地质学家认为,地球的历史有数 10 亿年之久,基于放射性物质衰变速率的物理学证据看起来摆脱不了地壳中较古老(太古代岩石)的岩石形成于 12 亿年前的结论,依赖于(现在我们想)逐步分解成辐射的自身物质的太阳必然在更早以前就燃烧了。根据天文学证据最为支持的理论时间规模,太阳作为一个发光星球必然始于 5 万亿(兆)年前。给予太阳这一年龄的理论虽不完全可信,但是太阳的年龄不会超过这个极限的说法更像是一个合理安全的结论。未来并不局限于此,所以太阳依然可作为星球存在 50 兆年或 500 兆年,但日渐衰老。按照亚原子能量理论,把一个星球的生命从数百万年延长到数兆年,我们可以想象再辉过程,把星球宇宙的寿命从数兆年延长到数千万亿(trillions)年。但是除非我们能够绕开热力学第二定律——这无疑说除非我们能够找出时间倒流的原因,那么无疑就更接近最终的灭亡了,世界最终也要达到均匀的无变化状态。

这种物质、空间和时间的浪费,是否在人类这里达到了顶峰?

多重世界

在此我将把现有的关于其他世界宜居性的天文学证据收集起来,对这个问题答案的一个流行说法,是天体研究的一个主要目的,让天文学家相当困惑。他不得不做的任何贡献,本质上都属于研究过程中出于实际的和通常的目的而偶然拾取的一些片断的暗示。然而,人们的心不可抗拒地被吊起来纠结于这样的想法,在宇宙中的某个地方,可能存在"一个稍许不如天使的"物种,人类可以把他们视为同类,或者更高级的物种。

推测与我们星球不同条件下的可能的生命形态没有意义。如果我对古生物学者的观点理解正确的话,那么哺乳动物时期就是陆地生物的第三个朝代——大自然第三次尝试进化出足以适应变化的条件和适于支配地球的生命序列。周围条件平衡上的微小的细节,必然极大地影响生命的可能性,以及注定占据优势的生物体类型。进化过程中的某些关键分支点必须在生物能够达到意识水平前协商确定,所有这些都与天文学家研究的范围距离太远。为避免无休止的推测,我假定所要求的居住条件与地球上的不同,如果这类条件成立的话,生命就会自动出现。

我们首先考察太阳系的星球,其中只有金星和火星看来才完全够格。就我们所知,金星很适合于类似我们的生命,它与地球差不多大,离太阳更近但可能并不更热,它的大气层密度合适。光谱观察却意外地未能在上层大气层中找到氧气的任何指示,因此引发了游离氧是否在金星存在的疑问。但是目前我们不急于得出如此确定的的推论,如果我们移民到金星,或许可以继续我们的生活而不用改变太多习惯——除了我个人不得不去找个新的职业,因为金星对于天文学家不是一个好的场所。金星完全为云或雾覆盖,故此不能发现确定的表面痕迹,对金星绕轴的转速如何,以及它的轴线的方向如何仍不确定。有必要提及一个有趣的理论,尽管不必太过严肃地对待它。有人这样设想,太平洋所占据的大坑是月球最初从地球分裂出去时所遗留下的一个疤痕。显然,这个大坑满足了排放过量水的重要功能,如果它真被填满的话,那么所有的大陆面积都将被淹没,因此干燥陆地的存在间接地与月球相关。但是金星没有它的月球,由于它在其他方面与地球类似,或许可以推测它是一个完全海洋的世界——鱼类处于最高等级的世界。这个想法无论如何都提示我们,有机生命的命运有可能决定于乍看起来并无干系的偶然性上。

太阳是一颗普通的恒星,地球是一颗普通的星球,但月球不是一颗普通的卫星,已知并不存在相对其主星如此之大的其他卫星。月球质量大约为地球质量的1/80,看似一个很小的比例,但与其他卫星相比,已是异常巨大了。其次的最高比例是在土星体系中发现的,它的最大的卫星泰坦达到土星质量的1/4000,要把如此不同寻常的部分分裂出去,在地球历史上必定发生过极为特别的情形。对此,乔治·达尔文爵士提出的解释是在太阳潮汐与地球球体的天然自由振动周期之间发生了周期性共振,至今这仍被认为是非常可能的。地球的潮汐变形因此增长到巨大的幅度,最终在一个大地震中将一块巨大的物质分离出去形成了月球。其他星球逃过了这种危险的谐振周期,它们的卫星来自于更常规的发展。如果我曾经遇到一个居住在其他世界的人,我会觉得在许多方面非常卑微,但对于月球我倒有望矜夸一二。

火星是唯一一颗固体表面能观察和研究的星球,它引诱我们更详细地去考察生物存在的可能性。它的体积较小,导致相当不同的条件,但是两个基本要素空气和水,尽管稀少但都存在。火星大气比我们地球大气更稀薄但也差不多够用。已证实火星含有氧气,火星上没有海洋,火星表面的印迹所显示的不是海洋和陆地,而是赤色的沙漠和或许是潮湿和肥沃的黑色的土地。一个显著的特点是覆盖着极地的白色盖子,它分明就是积雪,而且很薄,因为在夏天它就完全消融了。照片显示,时时有毋庸置疑的云彩暂时把大面积的表面细节遮蔽了,而更多的是晴朗的天气,无云时的空气略显得朦朦胧胧。通过对比不同波长的光所拍摄的图片,赖特(W. H. Wright)已经论证了这一点。波长短的光被雾霭散射的更厉害,因此普通照片模糊不尽人意。当采用黄色可见光(通常采用黄色滤光片来调节目视望远镜取景)时,能够显示出特别鲜明的表面细节,可见光的波长更长,能够更容易地穿透雾霭,①更清晰的细节可由长波红外线拍照获得。

最近重点关注的是火星表面温度的确定,这能够通过直接测量表面不同部分辐射出的热量来得到,所得结果虽然在许多方面可作为参考,但很不精确也不一致,不足以得到确定的气候学的概念。自然了,昼夜温度及不同纬度的温度存在巨大差异,但是平均说来无疑是寒冷的。即使在赤道上,日落时温度也会降到冰点以下。如果我们接受了当前的判断,认为其确信无疑,那么就会对是否有生命能够忍受这些条件产生一些疑问。

在赫胥黎的一篇论文里面有这么一段:"除非人类的寿命更长,现今的责任压得不那么重,我想聪明人是不愿从事木星和火星自然史研究的。"如今,火星自然史貌似总体上尚未超越严肃科学界限以外,至少,火星表面显示出随季节的变化,正如我们可以充分想象森林覆盖的

---

①看起来,火星拍摄先锋没有什么适当的摄像显微镜而不得不配合目视望远镜反而是件幸事——正如所看到的,采用(黄色)可见光对获得好的拍照结果很必要。

地球呈现给地外观察者的季节的变化。这种外观上的季节变化对于专注的观察者而言是非常显著的,随着春天在一个半球上的推移(自然我的意思是指火星上的春天),最初显的少而模糊的黑暗区域相形之下扩大并加深了。同样的地方在火星上每年差不多同一天变暗,这可由一个无机成因解释:春雨把表面润湿并改变了其颜色,但或许不可能有充分的雨水导致这种直接变化的结果。很容易就能够相信,我们目击了植被一年一年的甦醒,正如我们非常熟悉在自己的地球上所发生的那样。

火星大气中氧气的存在提供了支持植物生命存在的另一个理由,氧气可自由地与许多元素化合,地壳内的岩石缺乏氧。如果不是植物由土壤中提取氧气而又再行释放出来,那么岩石将在时间流逝的进程中把空气中的氧气完全消耗掉了。如果地球大气中的氧气是由这一方法维持的话,那么假定在火星上需要植物起到同样作用也很合理。把这一点与火星外观上的季节变化的证据相结合,对火星上存在植物的相当确凿的事实似乎呼之欲出了。

如果不得不承认火星上存在植物生命,那我们能排除存在动物生命吗?我已经穷尽了天文学数据,不能再担负对于你们可能推测的任何事情的责任。已故的罗威尔教授确实讨论过,火星上特定的多少有些直线形的痕迹表明那是一种人工灌溉系统,是一种高级文明的标志,但是我想这种说法并未获得许多支持。公平地说,对这种猜想的作者罗威尔教授而言,他本人的工作和他的天文台的工作对我们的火星之知识贡献甚巨。但很少有人能完全追随他,支持他那栩栩如生的论断。[1]

最后我们将强调一点。火星具有早就度过其初级阶段的星球的每一项

---

[1] 除了在低纬度和高纬度外,即便在有利条件下也看不到火星。不具备这些观测条件的天文学家,不愿意在许多曾经引发过争论的事情上形成一个确定的意见。

特征,无论在何种情形下,极端相异的两个星球如火星与地球,都不可能同时处于生物发展的顶峰。

行星系统的形成

万一太阳系的诸星球使我们失望,依然有数 10 亿颗星球,我们已经惯于将他们视为统治附属行星的"太阳"。要否定它们具有与我们自身同等级的创造的生命,似乎很是冒昧,差不多到了不敬的境地了。假定在宇宙中无论任何其他地方大自然都没有复制她在地球上所实施的不可思议的实验,这实际上很唐突。但是也要考虑,使我们不致过于随意地假定宇宙居住这着生物。

在用望远镜探索星球时,我们很惊异地发现,肉眼看来好像是单个点的星球实际上却是紧挨着的两个星球。当望远镜也不能区别它们时,光谱通常显示两个在轨道上互相绕转的星球。至少三分之一星球是双星——一对尺度与太阳相当的自发光的球体。因而单一的、至高无上的太阳并非进化的唯一产物,进化屡见不鲜地采取另外的方向,形成两个紧密相连的"太阳"。我们基本上可以排除双星之内行星的存在,不仅在更复杂的重力场之下赋予它们以永久的轨道存在困难,而且似乎也缺乏双星形成的原因。双星已经满足它的脉冲以其他方式裂变,它已经被分成两个几乎相等的部分,而不会连续抛射出微小的碎片。

分裂最显明的原因是过度旋转,当气态球体收缩时,它旋转的越来越快,直到它再也不能作为整体保持这一刻的来临,因此必须找到某种消减的方法。依照拉普拉斯(Laplace)的星云假说,太阳通过持续抛掉曾经形成自身的物质环,但是,除了我们所知的这一个星系的例子外,我们从天空中的成千的双星得出的结论却应该如此:过度旋转的最常见的结果是把星球分成同等大小的两个星体。

我们依旧可以说，一个星系抛射物质与分裂形成双星，都是过度旋转所引发的问题中的一个方面，星球以哪种方式演变取决于所处条件如何。我们知道非常多的双星和唯一的星系，但如果存在其他星系，要探测它们却无论如何都为力所不逮，我们只能求助于有关旋转气体物质的理论研究结果。理论研究非常复杂，其结果也不会是最终的，但是琼斯(J. H. Jeans)爵士的研究得到这样的结论，即旋转破碎产生一个双星，决不产生一个星系。太阳系并不是一个恒星发展的典型产物，甚至并不是恒星发展的普通样式，而是一件无常怪事。

在消除一种选择后，可以想见，与太阳系类似的结构仅有可能在特定的凝聚阶段，由于非同寻常的。偶然事件的发生才会形成。根据琼斯的研究，该偶然事件是一颗星球偶然通过空间运行过程中与太阳系靠得太近造成的。该星球一定在离海王星轨道外侧不远的一个距离内通过，其运行速度不应太快，但它慢慢地追上了太阳或被太阳追上了。因潮汐变形，在太阳表面造成一个巨大的凸起，导致太阳喷射出丝丝缕缕的物质，它们最终都凝聚形成了星球，这发生于数十亿年前。那颗侵入的星球继续自己的路与其他星球会合，留下了一个星系作为遗产，其中就有我们人类所居住的一个星球。

即使在一个恒星漫长的生命中，碰上这种事也是极其罕见的。星球在空间内的分布密度可以类比为在整个地球内部飘荡的20个网球，太阳系诞生的偶然事件，可以与这些球中的两个球在几码之内的偶然接近相提并论。有关的数据太模糊，无法给出对这一奇异事件发生的确切估计，但是我将判断，即在正确的时期和条件下可能不足一亿分之一星球能够赶上这个经历，导致行星系统的生成。

不管这样怀疑关于太阳系如何罕见的这个结论，但是对于非常容易被采用的、把每个星球都看作一个好像服务于生命的观点，这都是一个有益的修正。我们知道"自然"的浪费。长成一株橡树需要播撒多少橡子？她需要比对橡子更仔细地照看她的星球吗？果真如此,没有比为她的最伟大的实验——"人类",提供家园更宏大的目标了,她用自己的方法播撒了数百万星球,其中的一个星球恰好实现了她的目的。

按照这一方法,在开始时就限制了可能的生命家园的数目,无疑还经过了进一步的种子筛选。在我们寻找家园的征途上,我们发现有必要抛弃许多细节上显而易见合格的居所。细小的条件可能决定有机体究竟如何起源,更多的条件可以决定生物是否能进化到像我们一样复杂或仍停留在低级形态。但我假定,在种子筛选后,依然会有几个小的竞争地球点缀在宇宙的此处彼处。

如果我们特别留意同时代的生命,会引发更进一步的问题。人类在地球上生存的时间,与地球或太阳的年龄相比是极其短暂的。没有明确的物理学上的理由说明人类何处去人类何时来到地球,人类不应继续在地球上繁衍,另外 10 兆年或其他。呃,很好,你们能够想象它吗？假设高度发达的生命阶段是恒星的无机历史中非常小的一部分,那么竞争地球处于通常的位置,具有意识的生命或者在那里已经消亡或者尚未发生。我们并不以为"创造者"的全部目的是把赌注都押在我们居住的这个星球,在漫长的进程中,我们不能认定我们自身是唯一具有或即将具有天赋神奇意识的物种。但我觉得倾向于在现在,我们物种是最为优越的,在庞大的星群中肯定不止一颗星球俯瞰着能够与阳光下展现的景色媲美的人类景象。

第九章
量子理论

问题的起源

如今,热心的人们无论何时碰面在一起讨论理论物理,话题迟早都会转到某个特定的方向。你把他们留下来谈论专门问题或者最新发现,过一小时以后再回来,极其怪异的是他们在讨论一个乱麻一团的话题——他们无知的绝望的状态。这并非故作姿态,甚至不是科学上的谦逊,因为这个态度常常是一个天真幼稚的惊讶,即"自然"应该巧妙地把它的根本的秘密隐藏了起来,居然骗过了我们如此强有力的智慧。简而言之,我们在走向进步的途中转了个弯,我们的无知赫然挺立在我们前面。当代物理学的基础概念从根上是错误的,我们却不知道如何怎样把它正过来。

这一难题的原因是在广泛的实验范围中不断显露出来的叫作 h 的一个小东西,在某种意义上,我们确实知道 h 是什么,因为有多种测量它的方法:h 是 $6.55×10^{-27}$ 尔格·秒(erg－second),那将(正确地)提示你们,h 是个非常小的量。但是最重要的信息包含在句末这一词语——尔格·秒之中,尔格(erg)是能量的单位,而秒则为时间的单位,由此我们知道,h 的性质是时间乘以能量。

我们在实际生活里面并不经常用时间乘以能量,我们经常以能量除以时间。例如,驾车人用他的引擎的输出能量除以时间就得到了功率,反之,一个供电公司用消费时间数乘以功率或千瓦,依照这个结果寄送账单。但是如果再乘以时间,这么做似乎就非常奇怪了。

但是当我们在绝对的四维世界中观察时,这看起来又不是很奇怪了。我们认为在瞬间存在的如能量一类的物理量,属于三维空间,要把它们放到四维空间里,必须乘以时间,给它们以厚度。考察空间的一部分,比如大不列颠,我们将把它的人口数量记为 4000 万。但是又考察空间—时间的一部分,比如 1915 年及 1925 年之间的大不列颠。那我们就必须把它的人口数量记为 4 亿人一年。要从空间—时间观点来描述世界上人口情况,我们必须不仅限定空间单位而且也必须限定时间单位。类似地,如果空间的某种内容被描述为尔格,那么相应的空间—时间地带的一种内容,就需要描述为多少尔格—秒。

我们把四维世界中与三维世界中的能量类似或相适应的物理量,采用专业术语"作用"称呼它。这个名称虽不具有任何特殊的适当意义,但是我们不得不接受它。尔格·秒或作用属于一切观察者都认为是共通的闵可夫斯基世界,因而它是绝对的,这是在相对性出现以前的物理学上所认识的很少几个绝对量之一。除了作用和熵(熵属于一类完全不同的物理概念)以外,相对性以前的物理学上所有著名的物理量都与对不同的观察者而不同的三维断面相关联。

早在相对论指出作用由于其绝对性而可能在自然体系中具有特别的重要性以前,早在作用 h 的特别之处开始出现在实验以前,理论力学研究者们就大量使用作用,尤其是威廉·汉密尔顿爵士的研究把它推到了显著位置。此后,力学在此基础上取得了非常深刻的理论发展。我只需提到你们自己的(爱丁堡)教授[①]有关分析力学的标准论文,那还是有点臭名声的。要了解主要原理的根本重要和意义并不困难,但是必须承认,对于非专业人士而言,更苦心孤诣的研究发展的重要性不见得很明显——除非像一个精巧的方法把容易的事情变得困难。最终,指向这些研究的本能强化了自身的正当性。大约1917年以来要追随原子的量子理论中的任何进步,就必须相当深入地了解汉密尔顿学派的力学理论。值得注意的是,正如爱因斯坦在需要发展他的伟大的重力理论时找到了已经由数学家准备好的张量微积分,量子物理学家也找到了一个博大的力学作用理论,没有这个理论他们是不可能前进的。

但是,既不是四维世界中的作用的绝对重要性,也不是汉密尔顿力学中它的早期的重要地位,使我们预先能够发现它独特的一块所具有特别的重要性,继而这个标准值 6.55×10^{-27} 尔格·秒持续不断地在实验里出现。我们必须把作用想象为属于原子的,把这个值看作作用的原子,一切就都好办了。但是我们不能这样做,在过去10年间我们做过艰苦的尝试。我们现在关于世界的图景表明,作用的形式与原子结构完全不相容,因此必须重新构造这个图景。事实上必须对我们的物理学体系构筑其上的基本的概念进行根本的变革,问题是找到所要求的特殊的变化。自1925年以来,新的观念已经被带入这个领域,好像缓和了僵局,而且给予我们一个必将到来的革命的本质的暗示,但是这个难题还没有办法总体解决。这些新观念将是下一章的主题。在此,除了在本章末尾我们准备新旧内容过渡以外,最好把我们自己限定在1925年的基础上。

[①] E. T. Whittaker 教授。

作用的原子

要注意作用具有两个构成,即能量与时间。我们必须在自然中寻找确定的能量值,与其相关的有确定的时间期限,此即不需人工时空断面而能把一个特别的作用块与充满宇宙的其他作用分开。比如一个电子的构造可能是一确定的已知量,它是在宇宙各部分中均能自然产生的能量的聚集,但是它不存在我们所知的与其相关的时间期限,因此不能给我们提出任何特殊的作用形式。我们必须转向具有确定的、与它相关联的可发现的时间周期的能量形态,例如一串光波。这些光波携带有单位时间,即它们的振动之周期。从钠发出的黄色光,包含着每秒510兆的周期的以太振动。乍看之下,好像我们遇到了相反的难题。我们现在有了我们确定的时间周期,但是我们如何把钠火焰发出的能量分隔成自然单位?当然了,我们应该把从单个原子发出的光单独提取出来,但是除非原子不连续地放出光线,否则不能分割成能量单位。

已证实原子不连续地放出光线,它发射一长串波然后停下来。在再次发射之前必须由某种激励作用重新激起发射。我们在普通光线上感觉不到这种间歇,因为有无数原子参与了这一光线产生过程。

在这些连续的放射之中,发现由钠原子发射出的能量大小为 3.4×10^{-12} 尔格。如我们所看到的,这一能量确定的特征周期为 1.9×10^{-15} 秒,由此我们就得到了自然条件下作用形态的必要的两个构成部分。把它们相乘,我们便获得 6.55×10^{-27} 尔格·秒,那即是 h 量。

自然法则的显著性在于,我们能连续获得同样的数值结果,我们可以选取其他的光源,氢、钙或其他任何原子。光的能量可以是不同的尔格数,周期是不同的秒数,但是二者的乘积却是同样的尔格·秒数。同样的结果也适用于 X 光、伽马射线以及其他形式的辐射,它既适用于对光的原子吸收也适用于原子发射光,对光的吸收也是不连续的。显然,

h是一种原子——在辐射过程中结合为一个单位的某种东西。它并不是一个物质的原子,而是一个我们通常称为原子或量子的更难于捉摸的本质的作用。但是,有92种不同的物质原子,却只有一种作用的量子——不管涉及何种物质,都是相同的——我说的相同没有任何保留。你们或许可以设想,在红光的量子与蓝光的量子中间,必然存在某种质的差异,虽然两者都具有相同的尔格·秒数,但是这种明显的差异仅相对于空间和时间体系,并没有涉及作用的绝对形态。在高速接近光源时,按照多普勒(Doppler)原理,把红光变成了蓝光,光波的能量也由于参照体系的改变而变化。钠火焰和氢火焰向我们发射出同样的作用形态,这些作用形态只是相对于我们在四维世界所画的"现在线"方位不同而已。如果我们改变我们的运动从而改变"现在线"的方向,我们将能看到钠火焰的作用与我们先前看见的氢火焰作用的方位相同,由此认识到它们实际上是相同的。

在第四章里我们注意到能量的混合能够达到完全,因此能够实现一个确定的所熟知的热力学平衡状态。我们对此也给出了注释即只有当不可分割的单元被搅混时才有可能。如果纸牌能够无限制地撕裂成更小更小的纸片,则搅混过程便无止境,在能量混合过程中不可分割的单元便是量子。能量通过辐射、吸收和扩散在物质和以太中的不同受体之间混合,但是每一步只能通过一个完全的量子。事实上,最先推动普朗克教授追寻量子的正是热力学平衡的确定性,通过分析所观察到的最终随机状态的辐射构造首次计算得到了h的大小。该理论在青年期的进步主要归功于爱因斯坦提出的一般性原理以及波尔的原子构造关系。

量子的矛盾性质在于,虽然它是不可分割的,但它也不是结合在一起。我们首先考察一定大小的能量显然黏合在一起的情形,比如一个电子,但是我们并未找到h,于是我们转而注意能量显然通过空间而消散的情形,比如说光波,此时 h 立刻出现了。作用的原子好像在空间中没有凝聚,它具有超越空间的整体性。这种整体性如何才能在我们的通过空间和时间延伸的世界的图景中表现出来?

与光波理论的矛盾

对量子的深究导致许多意想不到的事情;但是对我们的先入之见而言,可能没有比把光和其他辐射能重新整合为 h 单位更令人瞠目结舌了,而所有的经典图景对它而言都越来越松散。考察由天狼星上的一个单个原子发射出的光波,这些光波携带着一定时间周期内特定大小的能量,二者的乘积为 h。光波的时间周期不会变化,但是能量却在不断扩大的范围里传播。光发射 8 年又 9 个月后波前按期抵达地球。在光波到达前几分钟,有人心血来潮,跑到户外去赞美天空的壮美,总之,把他的视线朝向从天狼星来的光线。光波在出发时并没有意识到它们会打击到什么物体,它们所知道的是它们注定和它们的绝大多数同辈们一样都要通过无尽的空间旅行。它们的能量看来在超过 5 兆英里半径的球内旅行耗散大过恢复,不过,如果这个能量再行进入物质,如果它在视网膜上激起化学变化而感觉到光,那么它必然要作为作用 h 的单个量子进入,必然为 6.55×10^{-27} 尔格·秒,或者全然不进去。恰如发射能量的原子无视所有的传统物理学法则决定着只要发射能量,必然为 h,而吸收的原子决定着只要是进入的能量也正好是 h。并非所有的光波不进入眼睛而掠过,因为我们能够用某种方法看见天狼星。它是如何管理的? 射到我们眼睛上的光波在给我们传送关于光波黑色部分的信息:"我们已经发现了一只眼,我们一起通过它蜂拥而入吧!"

说明这个现象的尝试遵循两个主要的方法,可以分别描述成"收集箱"理论和"赢家通吃"理论。无须劳神把它们翻译成科学语言,意思是：在第一种理论中，原子手持一个收集箱，每一群到来的光波都向箱中投入很少的金钱；当箱中的钱数达到一个完整的量子时，便悉数归了原子；在后一个理论中，原子使用提供给它的量子的一小部分从赛场购买一张票，而奖品是整个量子，某些原子赢得了它们能够吸收的整个量子。正是这些获胜的原子通过我们的视网膜告诉我们天狼星的存在。

"收集箱"理论站不住脚。正如琼斯曾说过的，量子理论不光禁止我们以一石而杀二鸟，而且甚至不让我们以二石杀一鸟。我没有足够的理由反驳这种理论，不过可以指出它的一两处难点：一个严重的困难在于装了一半的收集箱，如果我们不考察原子，而来考虑也只吸收完整的量子的分子时，可以更容易地看到这一点。一个分子可能开始收集它能够吸收的各种不同的光，但在它吸收任何一种量子之前它参与了一个化学反应，生成了不再能吸收原来种类的光的新的化合物——它们具有完全不同的吸收光谱，它们不得不重新出发去收集相应种类的光。因为收集箱不可能充满了，如何处理如今已没有用处的旧的蓄积？一件事情是确定的：当发生化学变化时，它们不会被倾倒到以太中的。

一个看来直接反对任何收集箱理论解释的现象是光电效应。当光照在钠、钾、铷等金属膜上时，自由电子便从膜中放出并高速飞走，能够通过实验测量它们的速度和能量。毫无疑问，正是入射光提供了这些爆发的能量，但是这个现象受控于一个著名的法则：第一，电子的速度并不因使用更强烈的光而增大，把光集中会产生更多的爆发，但不是产生更强烈的爆发；第二，电子的速度由于使用更靠近蓝光的光，即周期较短的光而增大。例如，从天狼星抵达我们的微弱的光比完全的太阳光能够产生更强烈的电子发射，这是因为天狼星比太阳光更靠近蓝光的缘故，天狼星之远虽然使电子释放的数量减少，但并未致其强度减弱。

这就是直观的量子现象，从金属飞出的每一个电子恰好从投射光捕获一个量子。按照 h 规则，较大的能量其振动周期较小，更靠近蓝光的光具有更强的能量。实验表明（在从金属薄膜中分离出电子时得到一个恒定的"阈值"后），每一个激发出的电子都具有与投射光的量子能量相同的动能。

可以在黑暗中制备金属膜，但在暴露于微弱的光时，在任何收集箱能够为合适的手段充满之前，电子立即开始飞出。我们也不能借助于任何光扳机释放出已装填好旅途所需能量的电子，是光的性质决定了所装载的能量。光掌握着决定权，所以光必须承担后果，只有传统理论才不把钱袋交给光以便支付。

把反对的篱笆筑得非常彻底而排除沿特定解释的所有进步往往是很困难的。但即便仍有可能挣扎，也到了我们开始意识到逃避是牵强附会的时候了。如果我们具有任何本能，当我们看到自然的基础法则时就能够意识到它，那么本能便要告诉我们，在单个量子中的辐射及物质的相互作用，是位于世界构造根源上的东西，而非原子结构内一个随意的细节。因此我们转向"赢家通吃"理论，它在这个现象中看到了对旧概念进行根本修正的一个出发点。

假定光波具有如此强度，按照计算它们能量的普通算法，在每个原子的范围内带进一个量子的百万分之一，不可思议的现象是，并非每个原子吸收一个量子的百万分之一，而是每百万个原子中有一个原子吸收了一整个量子。对整个量子的吸收已由光电实验所显示，因为每个发射出的电子设法获得整个量子的能量。

看来应该如此：在每个原子所达到的区域内光波实际上所负载的不是一个量子的百万分之一，而是获得整个量子的百万分之一的机会。光的波动理论刻画和描述了在整体波前上均匀分布的某种事物，此即通常所指出的能量。由于所熟知的干涉和散射等现象，要否定这种均匀性似乎不可能，但我们必须给予其他解释。它是一个均匀的能量机会。依照相当古老的能量是"做功的能力"的定义,波的全部波前就表示均匀做功的机会,这便是波动理论所研究的偶然性的传播。

关于赢家通吃理论中如何进行抽奖活动有不同的观点,有些人主张,说波前的幸运部分在原子抵达之前已经做了标识,除了均匀波的传播以外还涉及光子或"幸运光线"的传播。这于我而言,与现代量子理论的一般趋势不同。虽然许多权威如今都持这样的观点,据说它也确实为一些实验所证明,但是我非常不信任这种观点的稳定性。

原子理论

现在我们回到进一步的量子实验知识。神秘的物理量 h 突然出现在原子内部又突然出现在原子外部,让我们以所有原子中最简单的氢原子作为例子。氢原子包括一个质子和一个电子,质子即一个单位正电荷,电子即一个单位负电荷。质子几乎携带着原子的所有质量,像岩石一样位于原子中心,同时轻快的电子以圆形或椭圆轨道绕质子周围运动,它们之间存在引力的平方倒数法则。因此,这体系很像一个太阳和一个星球。但是在太阳系内,星球的轨道可以任意大小以及任意偏心性,而电子被限制在一系列确定大小和形状的轨道上。在经典电磁理论里,并未施加任何这样的限制,但是限制是存在的,也发现了施加限制的法则。它之所以发生,是因为原子极力使它内部的某种东西与 h 相等,中间轨道由于涉及 h 的分数而被排除,原因在于 h 是不可分割的。

但这里有一个松弛,当光波的能量从原子发出或进入原子时,强度和周期必须准确地与 h 相对应。但是考虑到原子的内部结构,它对 2h、3h、4h 等就不会反对了,它唯一坚持的是应该排除 h 的分数,此即为何许多电子的替代轨道要与 h 的不同整数倍相对应的理由。我们把这些乘数称为量子数,表示成量子轨道一、量子轨道二等。在此我不讨论对于什么是一个 h 的准确倍数的确切的定义。但是在四维世界中来观察,可立即看出它是某种作用,虽然当我们在三维断面中用通常的方法观察时它并不十分明显。同样地,原子也有几种特征不受这个规则制约,因而还有其他几个量子数——对每个特征均有一个。但为了避免技术复杂性,我将只提到属于一个主要特征的量子数。

根据尼耳斯·玻尔(Niels Bohr)的原子图景,唯一可能的状态变化是一个电子从一个量子轨道转移到另一个量子轨道。一旦发生光的吸收或发射这种跃迁就必然发生。设想处于一个较高能级轨道的一个电子,跃迁到一个能级较低的轨道,于是原子就具有多余的能量而必须消耗掉。总能量是固定的,它保持着以便确定变成以太波时它将不得不具有的振动周期。这好像难以置信,原子获得以太,却使以太在与其自身振动周期不同的任意其他周期里面振动。然而,这也是实验事实,当原子通过辐射使得以太振动时,它的电子循环周期便被忽视了,而以太波周期并不由任何能够刻画的机理确定,而看来是由人为的 h 规则所确定的。看起来就好像是原子疏忽大意地往船上扔了一个能量块,能量块逐渐变成以太时,它通过采用一个与能量的乘积等于 h 所必需的周期而把自己塑造成一个作用的量子。如果这个非机械的发射过程看来与我们的先入主见相反,那么吸收过程也会如此。此时,原子不得不寻求将一个电子提升到较高轨道所需要的准确的总能量,它只能从一个特定周期的以太波中获得这个能量——这个周期不是与原子构造共鸣的周期,而是使能量进入一个准确的量子的周期。

由于在轨道跃迁的能量和因为要达到固定量 h 而转移这些能量的光的周期之间的调整,或许是量子主导性的最明显的证据,所以值得解释一下如何测定原子中的轨道跃迁的能量。迫使电子通过一个确定电压降的电场有可能把一个已知的能量给予一个单个电子,如果这个电子击中一个原子,将导致原子内运动的电子中的一个跃迁到一个较高的轨道,但是,自然了,只有当这个能量足够电子跃迁时才会发生。如果电子所具有的能量太少,那它便什么也做不了而必须带着自身的能量毫无损害地通过。让我们将一束具有相同的已知能量的电子发射到一群原子中,如果这个能量低于轨道跃迁所对应的能量,那电子流通过时只有普通的散射而不会干涉。现在逐渐增加电子的能量,我们突然会发现,电子留下了大量的能量而去,那意味着已经达到了临界能量,激励着轨道跃迁,由此我们就具有了能够测量轨道跃迁所需要的临界能量——原子两个状态之间的能量差异的方法。这个测量法有个优势,即它不牵涉任何关于常数 h 的知识,因此当我们使用所测得的能量来检验 h 规则时,不存在陷入循环论证之虞。[①] 这个实验也很偶然地也提供了反对"收集箱"理论的另一个理由,小的能量贡献并不作为好意而被接受,所提供的能量比跃迁所需的完整能量少的任何电子,完全不被获准做出任何贡献。

经典法则与量子法则的关系

遵从量子法则的验证及成功的应用将导致现代物理学很大一部分——比热、磁性、X 光线、放射性等的详细探究。我们应该把这些放一下,转到传统法则与量子法则之间关系的一般性的考察。我们并用传统法则和量子法则至少 15 年了,尽管它们的概念互不调和。在模型原子中,电子根据传统的电动力学法则遍历它们的轨道,但它们从一个轨道到另一个轨道的跃迁完全与那些法则不相符。氢原子内的轨道的能量是传统法则所计算的,但是计算的目的之一是验证确定 h 单位内

[①] 自从很好地确立了 h 规则后,常常借助它的帮助来计算原子不同状态的能量,运用这些去检验 h 规则将是一个严重的循环论证。

的能量和周期的关系，这是与传统的辐射法则迥然不同的。全部过程惊人地矛盾，而又显著地成功。

在我的天文台上，有一架望远镜，将星光凝聚到光电管内的钠膜上。我依照传统理论使光通过透镜并聚焦到光电管内，此后我转而采用量子理论使光从钠膜引出电子并汇集到一个静电计。如果我偶然把这两个理论变换了顺序，则量子理论会说服我光在光电管内绝不聚集，而传统理论则表明如果光照进来的话也没有能量引出电子。我没有逻辑理由说明为什么不绕着这样的路子使用理论，只有经验教导我不能这样做。威廉·布拉格（William Bragg）爵士说到我们在星期一、星期三和星期五运用传统理论，在星期二、星期四和星期六运用量子理论时，并未夸大其词。或许，对于他的宇宙哲学在工作日是一个样子，而在周日又是另一个样子的人，我们感觉不到多少同情。

在19世纪——我想还有这个世纪，必然有许多把他们的科学和宗教保持在水密室里的科学家。在实验室里有一套信仰，在教堂里又有另一套信仰，没有进行任何严肃的努力来调和它们。这种态度是可以辩白的，讨论信仰的相容性将导致科学家进入他不在行的思想领域，而所能获得的任何解答都不值得强烈信任，更好的是承认在科学和宗教两方面都有几分真理。如果科学与宗教不得不冲突，那么让它在别处而不要在勤勉工作的科学家的大脑里发生。如果我们曾经嘲笑过这种态度，那么复仇女神就掌控了我们。我们已经不得不把现代科学分割成两个密室达10年之久，我们在传统的密室内有一套信仰，在量子密室内又有另一套信仰，不幸的是我们的密室并非滴水不漏。

自然，我们必须向前看，以便最终重构我们的物理世界的概念，可以把传统法则和量子法则协调地关联起来。仍然有些人会想传统概念的发展将影响到这种调和，但是我称之为"哥本哈根（Copenhagen）学派"的科学家却相信重构不得不在另一端开始，他们相信我们是在量子现象内,而不是在曾支持传统法则的粗糙的经验里面,与"自然"的工作方式保持着更为亲密的接触。传统学派确信存在着作用的均匀效应,思索着制造雕琢均匀效应所需要的雕刀。另一方面,哥本哈根学派在这些现象中看见空间、时间和物质的脆弱的外观粉碎成作用的沙粒,我并不认为哥本哈根学派主要受到从传统材料中建造令人满意的雕刀所面临的巨大困难的影响,它的见解特别是从量子法则与传统法则交汇点的研究所产生的。

传统法则是在涉及非常大的量子数的状态时,量子法则所趋于的极限。

此即玻尔所阐释的著名的"对应态原理",起初它还是建基于相当薄弱的暗示上面的一个推测,但是,随着我们量子法则知识的成长,已经发现,当我们把那些量子法则应用于非常大的量子数的状态时,它们便回到传统法则,而且所预测的正是传统法则所预示的。

举例来说,来考察一个电子处于极大量子数,即电子与质子相距遥远的圆形轨道的氢原子,星期一、星期三和星期五它受传统法则支配。这些传统法则规定电子必须持续不断地发射出微弱的辐射,其强度决定于电子的加速度,其周期与它的自旋周期一致。因为能量逐渐丧失,电子将以螺旋形向质子下降。星期二、星期四和星期六受量子法则支配,从一个轨道跃迁到另一个轨道。有一个量子理论我不曾提到,该理论规定(仅对圆形轨道而言)跃迁通常必然是跃迁到下一个更低的圆形轨道,因此电子稳定地沿一系列轨道进行跃迁而不会跳过任何一个轨道。另一个法则规定了各跃迁之间的平均时间,亦即规定了连续的光的发射之间的平均时间,每一步都放出一部分能量形成 h 规则所决定的周期的光波。

"实在荒谬!你怎么能一本正经地说,电子在一周不同的日子里要做不同的事!"

但是我说过电子要做不同的事吗？我用不同的说法来描述它所做的事。我在周二跑下楼梯，而周三我沿着栏杆滑下，但是，如果楼梯包含无数的无限小的阶梯，那么我那两天的行动方式之间就不存在根本的差别。因此当步数大到不可胜数时，电子是否从一个轨道跃迁到另一个较低的轨道，或者以螺旋形降低轨道，这之间并无任何差异，向外发射的一系列能量团合并成为一个连续的能量流。如果你们面前有公式的话，你们就可以发现，无论周一还是周三发射的光的周期以及辐射强度都相同——但仅对量子数无限大的情形。在量子数相当大时，两者间的不一致不是非常严重，但是对于小的量子数，原子是不能保持中立的，它必须在周一（传统的）规则和周二（量子）规则之间取舍——它选择周二的规则。

如同我们所相信的，如果这是个典型的例子，它就指明了观念再造所必须遵循的一个方向。我们决不能从传统概念来重建，原因在于仅当系统的量子数极其巨大的有限情形下，传统法则才正确，传统法则中所涉及的概念才明确。我们必须从既适用于小量子数状态又适用于大量子数状态的新概念出发，基于此，随着状态数的增大，传统概念最初模模糊糊，过后就明确地出现了，传统法则也越来越接近于真实了。我不能预言这一重构的结果，但是或许能为"状态们"这一概念找到余地——用状态的集合代替传统的力所表达的联系。对于低量子数状态，现行的物理学词汇是不适用的，目前我们又几乎难以避免使用它，但是当前我们理论上的矛盾正是从这种误用所产生的。对这种状态，空间和时间都不存在了——至少我不能看出相信它们存在的任何理由。但是必须假设，当考察大量子数状态时，在新理论体系中将发现与现行概念的空间和时间相近的对应物——即当状态量子数无限大时已准备好将融合到空间和时间内的某种事物。而与此同时，状态转变所描述的相互作用也将融合到通过空间和时间施加的经典的力之中，因此在极限状态下，传统的描述将成为一个有效的选择。如今，在实际经验里面，作为一般性，我们不得不处理其联系相当松散并相应于非常大的量子数的系统。结果，我们关于世界的最初的考察无意中发现了传统法则，我们关于世界的当前的概念包括那些仅对大的量子数具有确定的形体的实体。但是在原子与分子内部，在辐射现象中，或许也在密度很大的星球，例如"天狼星"伴星的组成之中，它们的状态数都没有大到足以承认这种处理的程度。这些现象如今驱使我们回到更根本的概念上去，正是从这些概念之中传统概念（对于其他现象类型足以）应该作为一个极限而出现。

譬如我将借用下一章的一个量子概念，这个概念并非注定在当前急剧的观念变革中存活下去，但无论如何它可以说明我的论点。在玻尔的半传统的氢原子模型里面，有一个以圆形或者椭圆轨道运行的电子，这仅是一个模型而已，真实的原子并不包含着此类东西。真实的原子包含着尚未进入人们的心灵想象，但已被薛定谔（Schrodinger）象征性地描述过的某些事物，这种"某些事物"以沿轨道运行的电子不能相提并论的方式散布着，现在激励原子使它不断地达到更高的量子数状态。在玻尔的模型中，电子跃迁到更高更高的轨道上。在真实的原子中，薛定谔的"某些事物"开始把它自己越来越紧密地聚集到一起直到它开始粗略地描画波尔轨道，甚至模仿一个圆周运行的凝聚，继续走向更大的量子数。薛定谔符号如今就表现的如同在一个相同轨道上以相同的周期运动的致密物体，一如玻尔模型中的电子的运动，此外，还依电子的传统法则放出辐射。因此当量子数达到无限大时，原子便迸裂了，一个真正的传统的电子就飞了出来。当电子离开原子时就从薛定谔之雾中结晶而出，就像一个魔鬼从他的瓶子里出现一样。

第十章
新量子理论

量子理论与经典理论间的矛盾在光的传播问题上面变得特别尖锐,这里,实际上它变成了光的粒子说和波动说之间的矛盾。

早前总有此问:一个光量子是多大？对它的一个解答,是通过分析来自威尔逊山上一面很大的 100 英寸反射望远镜所形成的一颗星球的图像所获得的。衍射图案表明来自每个原子的发射必然充满了全部镜面,因为如果一个原子只照到一部分,而另一个原子又只照到另一部分,那么我们通过不同的星球照到镜子不同的部分应该得到相同的结果(采用来自同一星球的原子没有任何特别的好处)。而实际上所获得的衍射图案并不相同,量子必然大到足以覆盖一个 100 英寸的镜子。

但是如果这个同样的星光不经任何人工的汇聚而照在钾薄膜上,每一次电子飞出都将带着一个量子全部的能量。这并非一个把已经存储在原子内的能量释放出来的扳机的作用,因为能量大小决定于光的性质而不是原子的性质。一个光能量的完全的量子必然进入原子里面而把电子吹了出来,量子必然小到足以进入到一个原子里面。

我不认为关于这种矛盾的最终起源有很多的疑问,我们不必把空间和时间想象为与一个单个的量子有联系,一个量子在空间的延伸没有实际意义,把这些概念应用于一个单个量子如同向一个人宣读取缔闹事法(Riot Act)一样。一个单个的量子不会从天狼星旅行5兆英里,在旅行途中,它不到8个年头,但是在量子数量聚集起来足以形成一个量子群时,在它们中间将能够发现天狼星在5兆英里之外和光旅行8个年头等起源的统计性质。

物质的波动说

意识到我们应该如何做相当容易,但开始做则要困难得多。在我们评述过去一两年里一些克服这些问题的尝试之前,先简单地考察由德布洛意(De Broglie)所开创的不那么激烈的前进的方法,暂时我们还是愿意把这个当作秘密来接受。我们可以说,光是一个具有把最大的物镜充满的波动性质,以及具有人所共知的衍射和干涉性质的实体,同时它又是一个具有把它的全部能量消耗在一个非常细小的目标之上的粒子或弹丸性质的一个实体。我们很难把这种实体描述为一个波或者一个粒子,或者折中的方法,最好把它叫作"波粒子"。

在太阳底下没有什么新东西,所以最近的这次转折几乎把我们带回到牛顿光学理论——一种粒子说与波动说的奇特的混合体。在"回归牛顿"的过程中或许会有快意的感情,但是,假定牛顿的科学声望特别受到德布洛意光学理论的拥护是无稽之谈,如同假定它被爱因斯坦的重力理论所损害一样。对牛顿而言,没有什么现象不能完全被波动理论覆盖。把一部分粒子理论的虚假证据剔除,曾经影响过牛顿,提出(可能的)真实证据如今影响着我们,它们同样是科学进步的一部分。

想象一下牛顿巨大的科学声望在这些近代的变革中跌宕起伏,是把科学与全知混为一谈了。

再回到波粒子来。——如果我们曾经一般看作一个波的事物也带有几分粒子的性质,那么我们曾经一般看作一个粒子的事物是否也带有几分波的性质?并不是到本世纪才由实验尝试得到一种适于显示光的粒子性质的方法,或者也依然有可能通过实验得到显示电子的波动性质的方法。

因此,作为第一步,我们不是尝试着去弄清这个秘密,而是试着把它扩大。不是去解释任何事物如何能够同时具备不可调和的波动性质和粒子性质,而是寻求通过实验显示这些性质是普遍相关的,没有纯粹的波,也没有纯粹的粒子。

波动理论的特征是一束光线通过窄缝后的传播——即著名的衍射现象,衍射现象的规模与光的波长成正比。德布洛意曾给我们演示过如何计算与一个电子相关的波的波长(如果有的话),即不再把它当作一个纯粹的粒子而是要作为一个波粒子来考察,结果表明在某些情形下,相应的衍射效果的规模对实验探测而言并不算很小。如今有大量的试验结果被引用来验证这一预测,我很难知道,这些结果是否依然被认为是结论性的,但是确实看起来存在一个严肃的证据,即在通过原子散射电子的过程中,出现了不能由通常把电子视为纯粹粒子的理论所能产生的现象。这些与光的衍射及干涉类似的效果带领我们来到波动理论的王国,很早以前,这类现象排除了所有有关光的纯粹粒子的理论,或许现今我们还能发现相似的现象,但排除了所有有关物质的纯粹粒子理论。①

同样的观点在爱因斯坦和波色(Bose)所发展的"新统计力学"中也

---

① 现在的证据比讲座开始时确凿得多。

碰到了——至少那看上去可作为他们理论的,非常抽象的数学形式的物理解释。如经常所碰到的来自经典力学的变化,虽然在原理上范围广大,但在适用于通常的实际问题时,它不过给出无关紧要的修正,只能预期在比任何已经发现或者想象的东西要致密的多的物质存在重大差异。说来奇怪,正当认识到极为致密的物质可能具有与传统观念所预期的物质相异的性质时,在宇宙中就发现了非常致密的物质。天文学上的证据好像在实际上没留下任何怀疑,即在被称为白矮星(white dwarf)上的物质的密度远远大于我们在地球上所体验的任何物质。例如,在天狼星的伴星里面的密度差不多为一吨每立方英寸。这种状态可由以下事实给予说明:高温和相应的对材料的剧烈的搅动打破了原子外部的电子系统(离子化),因此这些碎片能够更加致密地堆积起来。在通常的温度下,极小的原子核被电子哨兵的前哨保卫着,甚至在最高压力之下电子哨兵也会排斥其他原子以免紧密接近。但是在星系温度下,搅动太过激烈,电子们都离开了它们的位置而到处乱跑。因此在足够高的压力下把它们压缩的极其致密就成为可能。富勒(R. H. Fowler)已经发现,在白矮星里面,密度如此巨大以致经典方法不再适用而必须采用新的统计力学。特别地,在这方面他消除了有关白矮星最终命运感受到的焦虑,在经典法则之下,白矮星似乎被加热到不能忍受的状况——星球不能停止热量损失,但是它却没有足够的能量来冷却![1]

向新理论的过渡

到1925年,现行理论的机体的发展遭遇了另一个瑕疵,非常迫切地需要重建。波尔的原子模型已经非常确定地失败了,这是目前非常

---

[1] 因为将物质冷下来时必然要达到更正常的密度,因此能量是必需的,这伴随着星球体积的巨大膨胀,在膨胀过程必须做功来反抗重力。

熟悉的模型,它把原子描画成一种太阳系,中央是带正电的原子核,周围是如同星球一样沿轨道运行的若干电子。其重要的特色是,可能的轨道受限于第九章中的原子理论所谈到的规则。由于光谱中的各条线都是由电子在两个特定轨道之间跃迁所发出的,所以光谱线的分类必然与按照模型中的量子数进行的轨道分类相关联。当光谱学家开始解读光谱中的一系列谱线时,他们发现有可能对每一条谱线指定一个轨道跃迁,能够对每一条谱线的意义用模型来解释。但如今,更细微的问题又出现了——这种对应对何者不适用。对一个模型必然不能有过多期待,如果模型不能揭示微细的现象,或者它的精度被证明并不完美,这些都无须惊奇,但现在所出现的一种困难是该模型仅提供了两个轨道跃迁来代表三个显然相关联的光谱线,如此等等。曾经对某一点上解释光谱很有帮助的模型,突然变得完全错误了。光谱学家被迫从该模型转到另外的方向,以忽视它的方式来完成他们的光谱线分类。虽然他们还在持续地提到轨道和轨道跃迁,但是与模型中所表示的轨道完全一一对应已不复存在了。①

诞生新理论的时机显然成熟了,其后占优势的情形可以摘要如下:

(1)总体工作规则为:采用经典法则,补充附带条件。一旦出现任何具有作用性质的事物,都必须使之与 h 相等,或在某些时候使之与 h 之整数倍相等。

(2)附带条件常常导致经典理论使用上的自相矛盾。因此在波尔的原子模型里面,电子在它的轨道上加速度由经典的电动力学支配着,而它的辐射为 h 规则支配。但在经典的电动力学里,加速与辐射是牢不可破地关联着。

---

① 每一个轨道或者原子的状态都需要三个(或在后面更为精细的要求是四个)量子数来确定。前两个量子数已在玻尔的模型中正确地表达了,但是区别构成二重或多重光谱的不同光谱线的第三个量子数被错误地表达了。——这一错误比没有用它来表达要严重得多。

(3)经典法则的合适的范围是已知的。它们是更为普遍化的法则在一个极限场合内——即所涉及的量子数非常大的场合,所采取的形式,对更为普遍化的法则的完全体系的研究进展不受考虑极限场合的经典概念的阻碍。

(4)目前的妥协涉及对于光既有粒子的性质又有波的性质两者的认识。同样的观点似乎已有效地扩展到物质范围内并为实验所确证。但是这一成功仅仅部分缓解了问题的急迫性,使之成为考虑到这些性质而不那么矛盾的方法。

(5)虽然上述的工作规则往往成功地用于预测,但也发现所预测的原子内的电子轨道分布与光谱导出的结果在某些根本方面存在差异。因此需要加以改造,不仅除去逻辑上的异议,而且必须适应实际物理学的急迫要求。

新量子理论的发展

"新量子理论"发端于海森堡(Heisenberg)在1925年秋发表的一篇著名论文。我写这篇讲稿的最初的草稿时恰在那篇论文发表之后12个月。12个月的时间对于理论发展并不算长,然而新量子理论却已经经过了三个明显的阶段,早已与波恩(Borm)、乔丹(Jordan)、狄拉克(Dirac)、薛定谔的名字相连。目前我的主要焦虑在于讲演之前避免需要重新解释的另一个阶段,按照通常的方法,我们应该把三个阶段描述为三个独特的理论。海森堡的开创性工作统领全局,但这三个理论在思想上表现出很大的差异。第一个理论的提出更注重实际;第二个理论是非常超经验的,几乎是神秘的;第三个理论乍看似乎包含一个对经典概念的反映,但那或许是一种错误的印象。当12个月内连着出现三个标志性理论时,你就会意识到在物理学的这个分支是多么的混乱。

但是除非你们转到这个主题的数学方面来，你们将意识不到在那段时期内所取得的稳定的进步。从哲学观点看，这三个理论大相径庭；从数学内容看，它们是一个且是同一个。但不幸得很，数学内容恰是我不想在这些讲座中讨论的。

但我突破这个限制写下一个数学公式供你们思考，我并不会不合常理地期望你们能理解它。所有权威似乎都同意或者基本同意，物理世界中的每种事物的根源都是基于如下的神秘公式：

$$qp-pq=ih/2\pi$$

我们至今仍未理解这个公式，或许如果我们能够理解它但将不把它视为极其根本的了。熟练的数学家的优势在于他能够运用这个公式，而在过去一两年间这公式已应用于物理学确实得到很大的好处。它不但得到了那些较旧量子法则如 h 规则所描述的现象，而且也得到了许多旧公式不能处理的有关现象。

在公式的右边，除了 h（作用的原子）以及单纯的数字因子 2π 以外，还出现了相当神秘的 i($\sqrt{-1}$)。但是这不过是一个众所周知的遁词而已。回到 19 世纪，物理学家和工程师们都非常清楚，在他们的公式里出现的 $\sqrt{-1}$ 是一种警戒波动或振动的信号。公式右边虽没包含任何不同寻常的东西，但公式左边却无法想象。我们从空间和时间以及其他粗疏经验的世界借用我们的语汇，把 q 和 p 称为坐标和动量，但如此并未对它们的性质给出任何启示，也并未解释为何 qp 如此行为乖张以致不等于 pq。

三个理论正是在这一点存在最大本质差异，显然，q 和 p 不能表示单纯的数量，否则 qp-pq 将等于零。对薛定谔而言，p 是一个算符，他的"动量"不是一个量，而是一个符号，可以对其后的物理量进行一定的数学运算的符号；对波恩和约旦而言，p 是一个矩阵，不是一个量，也不是几个量，而是在系统矩阵内排列的无数的物理量；对狄拉克而言，p 是一个没有任何数字解释的符号，他称它为 q 数，以此表明它根本不是一个数。

我大胆设想在狄拉克的处理中隐含着一种具有重大哲学意义的一个观念，在这个特别的应用当中不依赖于任何成功的疑问。那个观念是这样的：要深入地探究物理现象的基础，我们必须要准备达到如同在我们的意识经验中的许多事物一样的、在任何方面都不能用数去测度的实在，它进一步表明准确的科学——即与测量数相关联的现象的科学，如何在这个基础上得以构建。

19 世纪与今日之间，物理学上最大的变化之一，是我们有关科学解释的观点上的变化。维多利亚时代的物理学家夸口说除非他能够制造出一个事物的模型，他将不能宣称他理解了这个事物。他采用模型来说明构成杠杆、齿轮、水枪或者其他工程师所熟悉的器件的某种东西。假设自然在建造宇宙时，与任何人类的机械技师一样依赖于同类资源。当物理学家寻求一个现象的解释时，他竖耳静听捕捉机械的嗡嗡声，在维多利亚时代，能够由齿轮中制造重力的人就是英雄。

如今我们不鼓励工程师用他的材料为我们建造世界，而是转向数学家用他的材料为我们建造世界。无疑，数学家是一个比工程师更高傲的人物，但或许即便他们也应该没有被毫无保留地委以"创造"的重任。在物理学上，我们处理一个符号的世界，因此我们几乎不能免于雇佣专长于处理符号的数学家，但是他必须证明，能够对委任给他的任务负责的完全的机会，而且不能过于自由地放纵自身使用数学解释的符号的癖好。如果我们去辨别不由心灵所决定的"自然"的支配法则，那么尽可能远地逃离事先准备好的架构似乎是必要的，而心灵已准备好把它所经历的每件事情都强制进入那个架构中。

我想狄拉克的方法在原理上支持这种解放，他从不能用数字或数字体系表达的基础的实在出发，他的基础法则是不与数学运算相关联的符号表达。引人入胜的地方在于随着该方法的发展推进，实际的数字就从那些符号中洋溢出来，因此尽管 p 和 q 个体上并没有算术上的解释，但 qp－pq 的联合便具有了上面所引用的公式表现出的算术上的解释。虽然其自身是非数字的，但只要给以数字，该理论都能很好地成为在精确科学上研究的测定数的基础。我们完全从关于世界的物理测量调查收集起来的测定数并非整个世界；它们甚至不能成为构成一个自治单位的重要的部分。看起来狄拉克过程的自然解释在于由非算术微积分中寻求精确科学的支配法则。

恐怕预测任何像从狄拉克开创的方法所出现的事情都有很大风险，当下，薛定谔通过展示一个不那么超乎经验的解释对于目前的应用是足够的而从 p 与 q 中借用了良多的神秘，但是我乐于想到我们仍未听到最后的观点。

薛定谔的理论如今风头正盛，部分是因为其固有的优点，但是我揣度还有部分原因在于它是三个理论中之唯一足够简单从而会引致误解的理论。如果确要反驳我的更好的判断，那么我打算给出这个理论一个粗糙的印象。或许更聪明的方法是在新量子理论的大门上钉上一个"构造变化进行中——闲人免进"的告示，而且特意警示守门人将窥探的哲学家拒之门外。然而，我将要提出抗议以自我满足。尽管薛定谔的理论引导我们在许多我们面对的数学问题上取得稳固而迅速的进步，就实际利用而言也是不可或缺的，然则他的思想要以目前的形式长期存在，我看不出一点可能性。

薛定谔理论述要

想象一个表面覆以波纹的亚以太，波纹的振动频率比可见光的振动频率快 100 万倍——太快了不能为我们的宏观实验所发现。单个波纹超出了我们的视野,我们能够辨识到的是一个组合效应——在波纹汇聚和合并时,波纹合力形成一个比单个波纹的涟漪要大,但从我们自己巨人的(Brobdingnagian)的角度看仍然很小的的干扰区域。这一干扰区域被辨识为一个物质粒子,特别地,它可以是一个电子。

亚以太是一种弥散介质,亦即波纹不会都以相同的速度传播。譬如水的涟漪,其速度决定于它们的波长或周期,周期较短的波传播的更快。此外,速度可由局部条件加以修正。这种修正是经典物理学的力场在薛定谔理论里面的一个对应物。这很容易理解,如果我们把一切现象都归于波动传播,那么一个物体对其周围的现象的影响(通常描述为物体存在所产生的力场)必然包括在围绕它的区域内对波动传播的修正。

我们不得不把亚以太中的这些现象与在我们宏观经验的平面中的现象关联起来,如上所述,一个局部的风暴区域被我们探测到作为一个粒子,就此而言,我们现在要附加一点即构成扰动的波的振动频率(每秒振动次数)被认为是粒子的能量。我们现在将试图解释,振动周期是如何设法以这种奇特的变色龙方式把它自身展示给我们。但是不管它如何变化,把亚以太中的振动频率视为宏观经验中的能量这个认识,立即就给出了周期和能量之间成为 h 规则的恒定关系。

通常,亚以太中的振动太快以致不能直接探测,它们的频率通过影响传播速度显现到通常经验的平面,原因在于(如上所述)传播速度依赖于波长或频率。用 ν 表示频率,那么表示波动传播法则的方程式将包含 ν 的一项。公式另一项表示对周围存在的物体发出的"力场"所产生的修正。这能够处理成一种假的 ν,由于它是经由与 ν 所用的相同方法出现在我们宏观经验中。如果 ν 产生了我们视作能量的现象,那么假的 ν 将产生一个相应于假能量的相似的现象。显然,由于它源自可归为周围物体的存在所产生的影响,后者就是我们所说的势能。

假定我们知道对于波纹的真 ν 又知道假的或者势能 ν，那么就可确定波动传播方程，我们就能够求解任何波动传播问题。特别地，我们能够解决风暴区域如何运动的问题，这对我们提供了对我们的理论进行初次校核的很好的结果。风暴区域（若足够小的话）精确遵循支配经典力学中的粒子运动的相同的法则运动，对于具有给定的频率和势能频率的波群的运动方程与具有相应的能量和势能的经典的粒子运动方程相同。

必须注意，一个风暴区域或波群的速度与单个的波的速度不同，这一点在水波研究中人所共知，是作为群体速度和波速之间的区别。在物质粒子的运动中，我们所观察的是群体速度。

如果我们的理论仅仅停留于在这基本上是幻想的基础上重建经典力学的结果，那我们将所得无几了。当我们处理那些经典力学没有覆盖的现象时，新理论的显著优势开始显现。我们已经考察过一个非常小的风暴区域，它的位置可以如同经典粒子一样确定，但是我们也可以考察一个更广泛的区域。在大的区域和小的区域之间不存在精确的界定，因此我们应继续把粒子的观念与它相关联。尽管一个小的集中的风暴能够很精确地确定粒子的位置，然而一个更大的风暴却对此非常模糊。如果我们尝试用经典理论解释一个扩展的波群，说法如是：它不是在空间任何确定位置上的粒子，而是与广泛的区域松散联结的粒子。

或许你们会想一个扩展了的风暴区应该表示与一个集中的粒子相对照的扩散了的物质，那不是薛定谔理论。扩展不是密度的扩展，而是一个位置的不确定性，或者是粒子处在特别位置界限内的更广泛的概率分布。因此如果我们遇见均匀地充满一个容器的薛定谔波，有关事物解释不是说容器充满了均匀密度的物质，而是说它包含一个在任何地方出现的机会都相等的粒子。

该理论第一个巨大成功是解释了氢原子发射光的现象——这是一

个远超经典理论领域的问题。氢原子包含一个质子和电子,它们必然可以在亚以太中转变成它们的对应物。我们对于质子的行为不感兴趣,因此不必用它的波动表现自寻烦恼。我们所需要的是它的力场,亦即在电子的波动传播方程里所提供的假ν,按照这个方程传播的波对电子构成薛定谔的等价物。方程的任何解都将相应于氢原子的某种可能的状态,现在已发现该波动方程的解仅对某些特定频率才存在(注意物理上的明显的极限,即波不可能在任何地方都具有无限大的振幅)。因此在一个氢原子里,亚以太波被限定在一系列不连续的特定频率上。记住,亚以太中的一个频率意味着宏观经验中的一个能量,如此一来,原子也将具有一系列不连续的能量。已经发现,这种能量系列完全与玻尔从他的量子化规则所确定的相同(见第九章量子理论中的原子理论部分)。波动理论取代难以解释的数学规则确定了这些能量,这是一个巨大的进步。进一步,在适用于更复杂的原子时,薛定谔的理论成功地解决了波尔模型曾经失败的那些问题。薛定谔理论通常给出正确的能级或"轨道"的数目,为每一个观察到的光谱提供一个轨道跃迁。

然而,在现阶段的进步并非从波动频率转到经典理论的能量,而是循着事件的过程在亚以太中更深入一些探索。很难想象电子同时具有两个能量(即处于两个波尔轨道),但这并未阻止说在亚以太内波动不能具有两个不同的频率,因此波动理论使得我们能够容易地刻画出经典理论只能用似是而非的名词所描述的状态。假定存在两组波,如果频率差异不太大,那么两组波便会产生"音节"。如果两个广播站用波长接近的广播放送,那么我们便听到从两组载波振动所产生的音调或尖叫声。个别振动太过迅速耳朵感受不到,但是振动组合起来的音节将足够缓慢,耳朵能够感受到。同样,亚以太内的个别波系由频率太快我们宏观感官感受不到的振动组成,但是它们的音节有时足够缓慢会抵达眼睛所覆盖的八音度范围内,这些音节就是来自氢原子的光的源头。数学计算表明，这些音节的频率与观测到的来自氢原子的光的频率精确相等。无线电载波的外差作用产生声音，亚以太波的外差作用产生光。这个理论不但给出了光谱中各条光谱线的周期，而且它也预测了它们的强度——这个问题在老的量子理论中无法处理。但也应该理解，音节本身并不等同于光波，音节存在于亚以太中，而光波则存在于以太之中。音节提供了振动源，振动源以某种尚难追踪的方式发出具有其自身周期的光波。

在我们谈到亚以太中的波时，我们假定处于振动的实在确切地说是什么呢？它是用 ψ 来表示的，确切地说我们应该把它看成波动理论的一个不可定义的基本量。但是我们能否对它予以任何一种经典解释？似乎可以把它解释成一个概率，在一个给定的区域内的粒子或电子的概率正比于该区域的 ψ 值。因此如果 ψ 主要集中于一个小的风暴区内，实际即可确定电子位于该区域，于是我们就能够确定它的位置，并把它设想为一个经典的粒子。但是氢原子的 ψ 波完全散布在原子表面，没有确定的电子位置，尽管某些地方比其他地方更有可能。①

必须注意薛定谔理论一个非常重要的结果，一个足够小的风暴区与遵循经典运动法则运动的粒子非常接近，因此看起来，确定位于一个运动点上的一个粒子严格说来是在风暴区缩小成一点时的极限。但极其古怪的是，继续不断地缩小风暴区域使我们也决不能完全达到理想的经典粒子，我们接近它而后又远离它。我们已经看到波群如同（在某些地方位于风暴区域内的）具有相应于波动频率的能量的粒子一样运

---

① 概率通常被描述为与 ψ^2 成正比而不是上述的与 ψ 成正比。整个解释非常晦涩，不过这决定于你们是否在知道发生了什么之后考虑概率还是出于预测目的考虑概率。通过引入两个沿时间反向运行的 ψ 波的对称体系获得 ψ^2 的比例关系；其中一个体系必然假定相应于从中可知道（或描述）后续时间的状态的可能的推论。概率必然意味着"某种已知信息的光中的概率"，因此对具有不同初始值的不同种类的问题，可能不能用同样的函数来表示概率。

动,因此要准确地模仿一个粒子,不单是区域必须缩小成一点,而且波群也必须由同样频率的波组成,这两个条件是不可调和的。对于一个频率,我们仅能有一个并不因任何边界而终止的无限连续波,波群的边界是由波长略有不用的波的干涉所设置的,由此在中心互相增加强度时,它们在边界上就互相抵消了。概略说来,如果波群的直径是一千个波长,那么必然存在一个 0.1‰ 波长的范围,使得最长的 1000 个波和最短的 1001 个波占据同样的距离。如果我们考察一个直径为 10 个波长的更集中的风暴区,那波长范围便增加到 10%,最长的 10 个波与最短的 11 个波必然占据同样的距离。在寻求通过缩小面积而使粒子的位置更加确定时,我们通过分散波的频率使得粒子的能量更加模糊,所以我们的粒子决不能同时保持完全确定的位置并且保持完全确定的能量。它通常具有或者这种或者那种不符合经典粒子的模糊性,因此,在精密实验中,在任何情形下我们都不必期望发现粒子的行为准确地和假想的经典粒子的行为一致——一个似乎与前述的有关电子衍射的现代物理实验一致的结论。

我们注意到薛定谔的氢原子图景使之具有波尔理论中不可能的某种事物——即同时具有两个能量。对一个粒子或电子而言,这不仅能够允许,而且是必需的——否则,我们不能对它可能存在的区域加以限制。并未要求你们想象具有几个能量的粒子的状态,那表明我们当前认为的电子作为具有单一能量的例子的图景已经失败了。如果我们愿意追寻事件的过程,有必要深深地潜入亚以太里面,然而如果我们不寻求更高的精确度的话仍可保留粒子的图景。如果我们无须把能量精确到百分之一,那么可以把变化范围在百分之十的能量序列看作确定的能量。

迄今为止,我仅仅考察了与一个电子相对应的波。现在假定我们有一个涉及两个电子的问题,应该如何表示它们?"那显然太简单了!

171

我们只需用两个风暴区代替一个风暴区即可。"恐怕并非如此,两个风暴区与一个单个的电子相对应,并不确定电子位于哪个区域内。哪怕第一个电子在任何区域内出现的可能性极其渺茫,我们也不能让该处的薛定谔波代表属于第二个电子的可能性。每个电子都需要全部的三维空间为自己的波所用,因此薛定谔慷慨地承认它们都具有三个维度,对于两个原子就要求一个六维度的亚以太,于是他便很成功地同以前一样应用了他的方法。我想你们在现在也看到了,薛定谔已经给了我们一个看似能够理解的物理图景但又把它给抢夺走了。他的亚以太并不存在于物理空间中,而是存在于数学家为了解决他的问题而想象出来的一个"构造空间"中——这个空间根据所提出的问题而重新想象出不同的维度。在最早考察的问题中,构造空间曾经与物理空间密切对应,暗示波的一定程度的客观实在性,这只是个偶然事件。薛定谔的波动力学不仅是一个物理理论,还是一个诀窍——而且也是一个非常巧妙的诀窍。

事实上,这种波动力学的近乎普适性将我们严肃地将其看作一个物理理论的一切机会都给剥夺了。关于这一点的一个愉快的说明偶然地在出现在狄拉克的著作中。在他用薛定谔波求解决的一个问题中,波的频率表示一个给定种类的体系的数目,波动方程由公式表示并得以求解,而且(如同在氢原子问题里一样)发现解仅对一系列特别的频率才存在,因此所考察的种类的体系的数目必然是一个非连续的一系列值中的一个。在狄拉克的问题中,这一系列值表明为一系列整数。照此,我们推论出体系的数目必然应该是1,2,3,4,……,但决不能是例如$2\frac{3}{4}$。理论能够给出与我们的经验符合得如此之好的结果,真是令人满意!但是我们并不愿意被说服,我们为何以整数计的真实的解释是由一系列波所给出的。

不确定性原理

我担心在这些讲座尚未开始之前,新量子理论第四版就要出来了,这种担心并未成为现实。但是几个月后新量子理论的确进入了一个新的阶段,这次又是海森堡,他于1927年夏季启动了理论的新发展,而他的结果进一步由波尔进行了阐述。有关的理论成果是一个根本性的普遍原理,其重要性与相对性不相伯仲,在此我将其称为"不确定性原理"。

其要点可以叙述如下:

一个粒子可以具有位置或者具有速度,但在任何严格意义之下,不能同时具备二者。

如果我们满足于一定的不精确度范围,并且如果满足于不要求确定性,而只要求高可能性的场合,如此就有可能把位置和速度二者都赋予粒子。但是如果我们费尽心力寻求更精确的位置确定时,非常奇特的事便会发生:更高的精确度能够实现,但却被速度确定的更大的不精确性所抵消。同样地,如果速度确定更为精确的话,则位置便会更不精确。

例如假定我们希望知道在给定时刻一个电子的位置和速度,理论上,能够在千分之一毫米的误差范围内确定位置,在每秒一千米的误差范围内确定速度。但是千分之一毫米的误差与我们的一些空间测量相比是很巨大的,能否设计一些方法把位置确定精确到万分之一毫米?确实有办法。但在那种情形之下,只有把速度确定误差范围达到每秒10千米。

我们探查"自然"秘密的条件是这样的,即我们把位置的秘密弄的越明白,而速度的秘密就越发隐藏起来。他们就像是晴雨表中的老年男女:一个从一扇门里出来,另一个便从另一扇门隐入。当我们在发现我们希望知道的某些事物而碰到意外的障碍时，可采用两个可能途径。正确的途径可能是把障碍当作进一步努力的激励，但是还有第二个可能性——即我们在试图发现并不存在的那些事物。你们要记着，相对论是如何说明通过以太中我们的速度的明显的隐藏。

当发现这种隐藏是完美的系统化的时候，那么我们就必须要把相对应的实在从物理世界排除掉。实际上也没有选择，与我们的意识的联络被破坏殆尽。当我们不能指出进入我们经验中的任何事物的任何偶然性的效果时，实在只不过成为未知——与其余的广袤的未知没有任何差别的一部分而已。物理学上的发现时时都会发生，来自未知的新的实在与我们的经验进行结合并被给以适当的名称，但却留下了众多未粘贴的标签漂浮在仍未区别的未知之中，希冀它们在稍后可以能够有用，这既非预知的特别符号也对科学无所助益。按照这个观点，我们断定，采用有限位数的数字来描述一个电子的速度和位置时是在试图描述一个并不存在的事物。尽管很是奇怪，但允许描述单独存在的位置或速度。

自爱因斯坦理论指出，我们谈到的物理量确定的重要性实际上与我们的经验相关以来，我们对无意义的术语就一直心存戒惧。因此距离定义为特定的测量操作，而与毫无意义的概念诸如两点之间"空虚度"无关。由于通常并不容易论述所规定的测量操作如何才能设想实施，在原子物理里涉及的微小距离很自然地引发了一些疑虑。我不倾向于确定这一点已经弄清楚了，但无论如何要把一切微小距离都清除掉，看来没有可能，原因在于可以找到一些例子，其中对位置确定的精确度似乎没有自然的极限。同样地，在动量确定上也存在精确度明显不受限制的情形。没注意到的是两方面的测量存在系统性的互相干扰，因此在大尺度上合法的位置与动量地结合在小尺度上却变成了不确定的了。不确定性原理可用科学语言描述如下：如果 q 是一个坐标，而 p 是相应的动量,那么有关 p 的不确定性乘以 q 的不确定性,所得到不确定性大小量级上必然是量子常数 h 的大小。

有关这一点的一般性理由,了解起来没有太大困难。假定有这么一个问题,想了解一个电子的位置的动量,只要电子不与电子以外的宇宙交互作用,我们是不能知道它的存在的。在它与某种东西交互作用并因而产生了能够观察到的效果的瞬间,我们必须抓住这个机会,获得有关电子的知识。但是任何这种交互作用中都涉及一个完整的量子,在我们观察的瞬间,所涉及的量子的状态发生了极其重要的改变,导致即便我们获得了有关的信息但也是过期的信息。

假定(理想地)在一台强力显微镜下观察一个电子以便高精度地确定它的位置。为了完全看见电子,必然要对它进行照射,散射光到达我们的眼睛,电子所能散射的最小单位就是一个量子。散射过程中,电子从光里获得大小难以预测的冲击,我们也只能说明不同的冲击各自的概率。因此我们的确定位置的条件就是,以不可计量方式对电子产生扰动,这种方法也阻止了我们随后确定电子具有多大的动量。但是我们将能够用冲击所表示的不确定性来确定电子的动量,而且如果可能的冲击很小,可能的测定误差也将很小。要保持小的冲击就必须采用能量低的量子,亦即要采用大波长的光;但是采用大波长的光却降低了我们显微镜的精确度,波长越大,衍射图像越大。要谨记,需要大量量子才能描绘出衍射图像。我们的一个散射的量子,只能刺激视网膜上理论散射图像范围内某个偶然的点上的一个原子。因此,按照衍射图像大小比例确定电子的位置就存在不确定性,我们陷入了两难的境地。我们可以采用波长较短的光通过显微镜改进位置的确定,但那样做对电子的冲击太大,而妨害了后续的动量确定。

对这个两难境地的形象描述是设想一下,我们自身尝试观察一个原子中的一个电子。对于这种苛刻的工作,采用普通的光来观察毫无用处,如果波长比整个原子还大,那么结果就很粗糙。我们必须采用更细微的光照射并训练我们的眼睛观察短波——实际上就是 X 光的辐射。谨记 X 光对于原子具有相当大的破坏作用,所以最好我们要谨慎应用,我们能够使用的最小剂量就是一个量子。现在如果我们准备好,那么你们观察到我把 X 光的一个量子辐照到原子了吗?最初我可能还打不中电子,自然在这种情形下你们也看不见它。再试一次,这次我的量子打中电子了。睁大眼睛,看见它就在那里。它是在那儿吗?真麻烦!我必定已经把电子从原子中吹走了。

这并不是一个偶然的困难,而是一个巧妙安排的计划——一个防止你们看到并不存在的某种事物即原子内电子的位置的计划。如果我使用无害的长波,它们将不能足够准确地为你们确定电子位居何方,缩短波长正好使光变得十分细微时,它的量子便变得非常强劲,并把电子从原子内打出去了。

有关相互不确定性的其他例子已经给出了,看起来无可怀疑它的完全普遍性。这就启示我们,绝无可能同时发现准确的位置与准确的动量,因为这在自然界并不存,但这不可想象。薛定谔的"波群"粒子模型对该现象如何发生给出了很好的说明。我们已经看到(本章薛定谔理论的概要部分),当波群的位置变得更确定时,其能量(频率)就变得更不确定,反之亦然。我想这就是薛定谔理论的根本价值。它规避了将自然界中不与任何事物对应的一种确定性赋予一个粒子,但是我并不认为不确定性原理是从薛定谔理论推出的一个结果,而是通过另外的途径得到的。不确定性原理与相对性原理一样,表示我们对并无任何充分理由所做的错误假定的放弃。正如我们由于信赖其与物质海洋的相似性而被误导到不可靠的以太的观念中一样,我们也由于信赖与宏观粒子的相似性,而被误导到世界构造的显微镜要素属性的不可靠的观念。

一个新的认识论

不确定性原理属于认识论,它再次提醒我们,物理世界是一个基于内部想象、由属于其一部分的器具考察并遵从其法则的世界。如果由不是世界本身提供的器具以超自然的方式来调查,我们不能自称了解世界可能会被视为何物。

有一个哲学家们所熟知的说法:当月亮没人看时它便不存在。我不想讨论这种说法,因为对于在这种场合下用到世界的存在时究竟意指什么,我没有一丁点概念。无论如何,天文科学都不是基于月亮的这种间歇性上的。科学世界(它必须满足比单单存在略微清晰的功能)中,在有天文学家之前就有一个月亮出现在天空,在没人看它的时候它也反射着阳光,在没人测量其质量时它也具有质量,没人测量其距离时,它距离地球还是24万英里远;即便人类在1999年成功地毁灭了人类自身,它还是会在那一年发生月食。月亮——科学的月亮,在一个想象成所有一切处于随机联系的世界上,必然扮演着一个持续的随机因素的角色。

我们应该把这个科学世界的完整描述看成什么呢?我们不必引入任何像穿过以太中的速度那样的东西,因为那些并不具有与我们经验相关的任何随机联系,所以是没有意义的。另一方面,我们不能把这种描述限制于我们自身的间歇性观察的直接数据,这种描述不应包括任何不能观测的事物,而应包括大量实际没有观测到的事物。实际上,我们假定了无数的大群的观察者和测量者。他们不时用我们自身可以想要采用的方法去调查每一件能够调查的事物,测量每一件能够测量的事物,他们所测量的每件事物都进入科学世界的完整描述作为它的一部分。当然了,我们能引入派生的描述,也能引入表达直接测量的数学组合的文字,而文字能够更好地给出描述要点,以免我们只见树木不见森林。

通过采用已知的表示"自然"均匀性的物理法则,我们便能够在很大程度上省掉这一大群观察者了。我们能够想办法让月亮离开我们视线一两个小时,来推测那段时间里它的位置。但是当我断定月亮(1 小时前我最后看见它在西边)现在正在落下的时候,我如此断言并非根据我的推测,而是作为科学世界一个确切的事实确定的。我依然假定那个想象中的观察者,我并不征询他的意见,但是如果我的描述遇到挑战,我留着他来确证我的描述。同样地,我们说天狼星的距离是 50 兆英里时,我们并非只给出对于它的测得的视差传统的解释。我们意欲给予它与天狼星在知识上同样的地位,好似真的有人煞有介事地把测量杆一个挨着一个摆放,来计算需要多远才能到达天狼星。我们应该耐心地倾听任何人提出的认为我们的推测并不相应于"真正事实"的理由,如果我们碰巧正在做一个不能被这些勤勉的测量所确证或反证的推测,那么就不存在关于推测真伪的准则,因而这种推测就毫无意义。

这种知识理论本来打算适用于我们对物理世界的宏观或大规模的考察的,但是通常也理所当然地认为它同样可适用于微观研究。最终,我们的结果认识到它虽然适用于月球但不适用于电子的这一难堪的事实。

赏月月无害。想象一下,在我们熟睡之际,它却处于观察者的交替监视之下,其间也不存在什么矛盾。但是对电子就不同了,在特定的时间,即当它与量子交互作用时,它有可能被我们的一个观察者探测到,但是在那些时间之外,因为它与量子没有交互作用,它事实上是从物理世界中消失了。我们可以用闪光灯把我们的观察者武装起来,保持对电子行为的连续观测,但是问题在于,在闪光灯下电子的行为与它在黑暗中的行为是不同的。由于监视本身就破坏了整体结构,所以在想象处于持续观测之下的物理世界的微观结构时，就存在着一个根本性的矛盾。

我期望这件事首先对你们而言只是一个辩证法的困难，但是内里比那要多得多。在我们将微观世界的知识带进有序计划来的努力上的绵密的挫败，强烈地暗示我们改变这个计划。

我指的是，我们完整描述世界的目标是个错误的想法，迄今一直没有时间对适用于这些条件的新的认识论进行严肃的研究。是否有可能只从能够认知的事物——我们的宏观理论中的指导原理出发构造一个物理世界已经令人生疑了，如果可能，将涉及对现有基础的巨大提升。看来我们更要满足于对可知与不可知的混合体的承认，这也就意味着对宿命论的否定，原因在于预测未来所需要的数据将包括过去的不可知因素。我想正是海森堡说过"我们是否能够根据关于过去的完全的知识就能预测未来这个问题，由于关于过去的完全知识存在一个自相矛盾，因而不会发生"。

外部世界只有通过一个量子的作用才能与我们自身相互作用，外部世界的知识也只有通过量子作用才能抵达我们心灵。量子作用可能是向我们揭示关于"自然"的某些事实的一个方法，但与此同时，一个新的未知之物也就培植于"时间"的子宫之中了。知识的些微增加，其代价是人类未知的增加，用漏水之桶淘空"真理"之井实在千难万难。

第十一章
世界建造

我们面前有一件复杂的任务。我们将建造一个世界——一个将把我们的经验世界里演出的剧目以皮影戏展示的物理世界。我们仍然还不是非常熟练的建造师,所以你们不必期待我们的建造活动能够顺利进行,或者这个活动具有挑剔的观众所要求的丰富的细节。但是,将要描述的方法看来给出了大胆的轮廓,无疑地,在我们能够完成建筑设计之前,我们依然不得不学习有关世界建造技术的其他秘密。

第一个问题是建筑材料的问题。我记起,在我还是一个贫苦的学生时,常常读着关于怎样只用零七碎八的材料建造不可思议的物件的引人入胜的文章。不幸的是,这些物件一般包括一架旧钟的机械部件、几部多余的电话、从破损的气压计中获得的水银,以及其他在我的小木屋里找不到的零星物件。我将力图不让大家像我那样气馁,我们不能从一无所有中建造世界,但我将尽可能少地要求特殊的材料,"世界建造"游戏的成功,决定于在已经建成的结构的特殊性质与基础材料的非特定功能性之间对比的显著性上。

关系构造

我们把关系(relation)和关系点(relata)作为建筑材料。关系关联着关系体,关系点是关系的会合点,二者互相分割是不堪想象的,我认为很难想象一个更普遍化的构造的出发点。

为了对被关系者相互区别,我们给予它们拼合记号。拼合记号具有最终被称为"坐标"的四个数字。但是坐标表示空间和几何,而在我们的体系中依然不存在这类事物,因此现在我们把四个识别数仅看作一个任意的拼合记号。为什么是四个数?已经证明我们采用四个数的原因,这种方法最终能够使构造具有更好的秩序,不过我们并不知道为什么应该如此。我们甚至要这样理解,即如果构造关系执着于三重或五重次序,那么要由它们建造任何有趣的东西都非常困难,但是就基本材料而言,这或许是一个关于四重次序的特别假设的并不充分的理由。

在两个人类个体间的关系,就最广泛的意义而言,包括他们之间的每一种联系或比较——血缘、商务交易、社会地位的比较、高尔夫球技——涉及双方的任何种类的描述。普遍而言,我们将假定,在我们的世界材料中的关系是一种复合关系,决不能表示为数字测量。尽管如此,也必定有某种可比性或相似性关系,如同在人类个体的关系中,否则对世界就没有什么可说的了,而只能说世界的每一种事物都完全不与其他事物想象。换个角度看,我们不仅必须假定被关系者之间的关系,还要假定某些关系中存在某种相似关系,在这个方面中最少的让步将使我们能够把整体联结到一个构造之中。

于是在考察两个被关系者之间的关系时,我们假定通常能够选出两个就近的互相处于"相似"关系的其他被关系者。对于"相似",我并非意指"所有方面都相似"，而是相对于复合关系的某个方面的相似。如何选出这个特别的方面呢？如果我们的被关系者是人类个体，则相似性的不同判断要由系谱学家、经济学家、心理学家、运动员等来做出，由此，这时的结构建造将沿着很多不同的方向分散。每个人都将利用人类共同的基础材料建造他自己的世界构造，没有理由否定能够由我们假定的材料建造出相似的多样化世界，但这些世界里除了一个以外都将流产。除非我们所建造的世界是我们的心灵选择出来使经验世界生气勃勃的世界，否则我们所有的劳动都终将化为泡影。我们对于选用来作为相似性准则的关系的方面所能给出的唯一定义，是最终将牵涉到把物理世界与心灵相触碰的那个方面，但是那已超越了物理学领域。

只有在构造中关系非常接近的极限条件下，才能假定"相似性"的一一对应是确定的。所以我们避免任何远距离的比较，正如避免远距离"作用"的比较一样。我立马承认我并不知道此时我所说的"非常接近"的意义，空间与时间至今也尚未建造。或许可以这样说，只有少数的被关系者相对于第一点才具有明确的可比性，可将这一可比性的确定性作为接近的准则，我几乎不知道。在这一点上，建筑表明有一些裂隙，但是我想这并没有超越数学的论理学者黏合它们的能力。在这个阶段，我们还要进行布置，使拼合记号能够表示"接近"（见图7）。

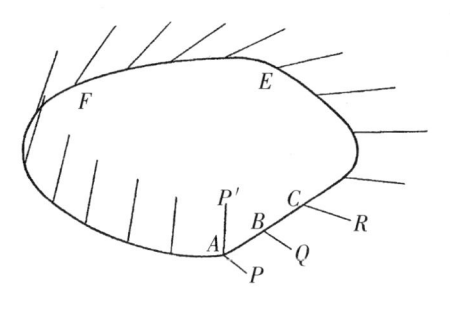

图 7

我们从关系点以及从它所辐射的关系 AP 出发，现在走到邻近的

关系点 B 并选取"相似"关系 BQ，再走到另一邻近的关系点 C 并选取相似于 BQ 的关系 CR（注意，由于 C 比 B 距离 A 更远，所以在 C 处与 AP 相似的关系，并不如与 BQ 关系相似性那样明确）。一步一步进行下去，我们可以沿着 $AEFA$ 路径进行比较并返回到出发点，不能保证沿上述路径得到的最终关系 AP 正是我们初始出发的关系 AP。

现在我们就有了从第一个关系点辐射出的两个关系 AP、AP'，它们的差异在于与 $AEFA$ 世界中的特定路径相关。关系松散一端的 P 和 P' 具有它们的拼合记号，我们可以把拼合记号的差别（即它们之中所包括的识别数的差别）作为 AP 绕一个路径运行时所引起的变化的暗号表示。当我们改变运行路径和初始关系时，AP 的变化也随之改变，下一步便是寻找一个表示这种依存关系的数学公式。事实上就有四个事物相关联，运行路径占据两个关联，原因在于譬如一个矩形路径将需要确定两个边才能描述，每一事物必须由四个识别数（或者是拼合记号或者拼合记号所得到的识别数）来规定。结果，对于所有组合，所要求的数学公式将包含 4^4 或 256 个数值系数，这些系数提供了一个围绕着最初的关系点的构造的数值测度。

这便完成了我们任务的第一部分，把构造的数字测度引入基础材料。有关的方法并不如它第一眼看上去所显示的那样不自然，除非我们把所期望的世界的物理性质直接赋给初始的关系和关系点而逃避问题，否则我们必须从关系的构造连锁中得到它们。这种连锁可通过跟随关系之间的路径而自然地追踪，邻近关系的可比性的公理只能区别相似与不相似，它原本并未提供区别不同相似程度和种类的任何方法，但是我们业已通过参考，能够将 AP 与 AP' 相互转化的路径发现了规定 AP 与 AP' 不相似的种类，因此我们通过相似性定义建立了对多样性的定量研究。

构造的数字测度将依赖于用于关系点辨识的拼合记号的任意编

码,然而,这也使得它们特别适合于建立常规物理量。当拼合记号成为空间和时间的坐标时,编码的任意选择就等价于空间和时间系的任意选择。这与相对论一致,即构造的测度以及由测度所建立的物理量应该随空间和时间系变化。物理量通常没有绝对值,而是相对于所选择的参考系或拼合记号的值。

我们现在就用基本的黏土来做成砖,下一步工作是用它们来造建筑。随世界的点到点变化的构造的256种测度在省略重复数字后可减少数量,但即便如此,它们仍包括大批在建筑上我们并不需要的无用废料。如此似乎使众多著名物理学家深为忧虑,但我却很不以为然。最终,心灵决定着何者为废料——我们建筑的哪个部分将反映普通经验的事物,哪个部分没有此类对应物。作为建筑材料供应商却要预先考虑将被选为心灵宫殿的材料,这不是我们的职能范围,现在将把废料视为在以后操作中不相关的东西而弃置掉。但我并不赞成那些人的观点,即那些废料曾出现过是理论的一个瑕疵。

将某种构造的测度以对称的方法合并忽略其他项,我们将真实重要的测度减少为16个。① 这些系数可分成含10个系数的一个对称体系以及含6个系数的一个非对称体系。此即世界的重大分叉点。

对称的系数10个,从这些系数,我们发现能够构建几何学和力学。它们是爱因斯坦的10个势能($g_{\mu\nu}$),我们从中得到空间、时间以及表示物质的力学性质如动量、能量及应力等的世界弯曲。

非对称系数6个,从这些系数,我们构建电磁学。它们是电场强度的三个分量和磁力的三个分量,我们从中得到电位、磁位、电荷和电流、光及其他电波。

我们并未得到原子性的法则和现象。我们的建造活动仍然有些太

---

①数学上说,我们把原始的四阶张量缩并为二阶张量。

粗糙,不足以描述世界的微观构造。因此原子、电子以及量子目前都超越了我们的能力。

但是对于被称为"场物理学"的构造已经相当完备了,包括计量场、重力场以及电磁场等。我们建立了上面所列举的物理量,它们按照它们被建立的方法服从"场物理学"的大法则,那是特别的特征,"场"法则——能量、质量、动量以及电荷的守恒法则、重力法则、麦克斯韦方程,都不是支配法则。[①]这些都是自明之理,它们并非心灵观察外部世界时所达到的自明之理,而是在从一个基础构造上建造世界时我们所邂逅的自明之理,我必须表明我们对于这些法则的新的态度。

同一性法则

我们已经把它们与世界的10个主要弯曲看作同一性的能量、动量及应力,是著名的能量及动量守恒法则的主题。假定同一性是正确的,那么这些法则在数学上是同一的。违反这些法则是不可想象的,或许我能够用类比来最好地表达它们的性质。

一个上年纪的大学会计员曾隐居在屋里完全埋头于会计事务,只有当大学的知识和其他活动表现在账单上时,他才能意识到它们。他模糊地想象一个完全隐于大学后面的客观实在——与实际大学平行的某种存在虽然他只能用构成他称之为"日常经验的常识大学"的磅、先令、便士等术语来描画它。记账方法已经成为形同隐士的大学会计员代代相传的根深蒂固的习惯了,他已把账目形式当成了事物之本质的一部分接受了,但他是一个科学的转换并且想了解更多关于大学的事

[①] 这里未包括通常归于这些法则的一个法则,即电场的有质动力法则。看起来不处理电子构造而要达到这个法则的起源是不可能的,而这一点超出了我们目前世界建造的运动范围以外。

情。某一天他查看他的账簿时发现了一个著名的法则。对于贷方的各个项目，必有相等的项目出现于借方的某处。"呵！"会计员说，"我发现了一个支配大学的伟大法则，这是真实世界的一个完美而精确的法则。贷方必然被称为加而借方叫作减，因此我们就得到了镑、先令和便士的守恒法则。这是发现事物的真实方法，对于这种科学方法最终可以发现的东西不存在任何限制。我将不再注意同事们所持的关于叫作国王的仁慈的精灵或者叫作大学委员会委员的恶灵迷信了。我只需沿着这个方法继续下去，我将成功地理解为何物价始终升高的缘由了。"

我不想和会计员争辩，相信会计事务的科学研究是一条通向隐藏在背后的实际的（尽管必然是部分）确切的知识之路。用这种方法去发现事物，或许比用他最初的努力所揭示的单纯的自明之理还要深入一层。无论如何，他的生活都与会计特别相关，所以他发现任何性质的会计法则都理所应当。但是我应该向他指出，大学实际在会计世界里所展现的不同方面交叠在一起的发现，并非支配大学的法则的发现，他甚至还没有开始找寻这些支配的法则。大学可能都要倒闭了，而会计的账目还依然平衡。

动量及能量的守恒法则得自于不同方面的叠加，在这些方面中，"空间的非空虚性"向我们的实际经验展示了自身。我们又一次发现，只要确定了服从于物理学根本法则的本质，一个物理根本法则不是支配法则而只是一个"预定的事件"。我们能够用一个温度计测定一定形式的能量，用一个弹道摆锤测定动量，用压力计测定压力。通常，我们把这些都描绘为互相的行为由一个法则支配的个别的物理实在，但现在的理论是，三种器具测定的是一个单一的物理条件的不同但略有重叠的方面，联结它们测定的法则是与联结米尺和英尺测量法则属于相同重复的类型。

我说过，违反这些守恒法则是不可想象的，那么我们找到过历经永远而不被任何将来的革命动摇的物理学法则吗？但是必须记得还有附加条件——"假定承认（它们的主题）的同一性是正确的"。法则本身将永存，一如二加二等于四那样永恒，但是它的实际重要性依赖于我们知道何者服从它。我们想我们具备这种知识，不过没有宣称在这一方面的确实性。如果判明守恒的事物并不是由我们习惯的上述仪器，而是稍许不同的仪器所测量的事物，那从实际的观点看，法则将会被推翻。

心灵的选择性影响

这使我们非常接近于填平科学世界与日常经验世界之间的鸿沟的问题，科学世界的较为简单的要素在日常经验中没有什么直接的对应物，而我们使用它们来建造具有对应物的事物。科学世界里的能量、动量以及压力影射着熟悉世界的众所周知的特色，我感到我肌肉中的压力；能量的一种形态给我以温暖的感觉。动量与质量之比为速度，它通常以物体位置的变化进入我的经验。当我说我感知这些事物时，我必然没有忘记，只要感觉完全地位于物理世界的话，那么它便不在事物本身之中，而是存在于我脑海中的某个角落里。事实上，心灵也创造了一个世界建筑技艺，心灵所熟知的世界并不是由关系点和关系的分配所建造的，而是通过对沿神经传导到它的密室的密码信息进行自身特有的解释所建造的。

因此我们切不可漏掉这一事实，即物理学试图描述的世界是从两个世界建筑体系的汇聚所产生的。如果我们只从物理学这一方面去看它，那么建筑不可避免地存在任意性。如果提供了"砖石"——世界构造的 16 种测度，我们可能建造所有种类的事物。或者我们也可以再行捡起某些废弃之物来建造一个更富于变化的事物，但我们不能任意地建造，而是照着规定建造。我们建造的东西具有某些显著的性质，它们之所以具有这些性质当然是由于建造它们的方法，但也是因为这些性质是所要求的缘故。有个一般性的描述能够无论如何覆盖在物理世界建造中所必需的建造操作，用数学语言描述，就是建造操作包括对构造的16个测度的一个不变函数的汉密尔顿微分。我并不认为在基本关系构造中存在任何事物迫切需要这种特殊的组合，这个建造过程的意义不体现在无机性质之中，其意义在于它对应着心灵出于自身理由而采用的一个观点。任何其他建造过程都不会与世界建造的心灵体系相汇聚，汉密尔顿导数恰好具有这样的性质，使之在我们心中成为一种活跃的作用而非一个被动的空间和时间的延伸。汉密尔顿微分实质上是出于无形背景的活跃世界的创造的符号。过往它不止一度处境黯淡，但持续地通过意识的心灵锤炼出创造之奇迹。

通过遵循这个特别的建造计划，我们能够构造满足守恒法则的事物，即永久之物。守恒法则对满足它的事物而言是一个自明之理，但是在物理世界的法则体系中，它的显著性却要归因于业已要求永久性的心灵。我们可能已经建造了不满足这个法则的事物，事实上，我们确实也建造了一个很重要但并不永久的事物——"作用"。关于"作用"，物理学已经仔细斟酌过了，虽然心灵并不认为值得在熟悉世界中为其保留一席之地，也没有通过任何心理想象或概念使之鲜活起来，然而物理学还是坚持认为它是所有事物的最根本的东西。你们将了解，我所提到的建造并非对材料的置换；它类似于从星球之中建造星座。我们应该建造而未建造的事物，在那里恰与我们确实建造的那些事物相同。我们已经称之为建筑的东西其实是它们编制的图形中的一个选择。

物理世界一般由熟悉的物质的概念来表示。物理世界的永久性要素，实质上是心灵对建造或选择方案的一个贡献，我们能够在一个相对简单的问题——海洋流体力学理论里面看到这种选择倾向在起作用。乍看起来，在给海水一个初始扰动时会发生什么的问题，完全依赖于无机法则,没有什么能够比有意识的心灵的干涉更遥远的了。在某种意义上来说这是对的,物质法则使我们能够算出水的不同部分的运动和推移,只要涉及无机的世界,这个问题就可认为完结了。但实际上,在流体力学教科书上,有关的研究分成不同的方向,即关于波及波群的研究。一个波的推移不是任何物质的水团的推移,而是当水上下荡漾时沿着水面传播的一个形态,再有一个波群的推移不是一个波的推移。这些形态在水的移动粒子之间具有一定程度的永久性,任何永久的事物都有成为具有物质属性的高贵倾向。一个海洋旅行者甚至还有更生动的印象,说海洋与其说是水构成的倒不如说是波构成的。① 最终,正是我们内心与生俱来的对永久性的渴望,指引着流体力学的发展过程,也同样指引着从构造的 16 个测度进行的世界建造。

或许有人要反对,说心灵以外的其他东西能意识到了类似于质量的一个永久的实在,一个磅秤能够感知质量并移动指针来指示质量是多大。我并不认为这个反驳有什么根据。在建造物理世界时,我们必须建造物理世界一部分的测量器具,这些测量器像他们所测量的实在一样来自于建造计划。例如,如果我们使用某些"杂物"建造一个实在 X,我们能够假设用同样的杂物建立测定 X 的器具。不同之处在于:如果磅秤指针指示为 5 磅,人类的意识以一种可思议的(仍不能追踪的)方式知道这一事实。然而如果测定 X 的器具指示为 5 个单位,那么人类的意识无以知道此一事实,X 和测定 X 的器具与意识都不存在任何交互作用。因此,有关科学世界的计划包括了质量但排除了 X 这一事实的责任最终归结到意识现象。

或许对心灵选择对"自然"法则的影响,一种更好的表示方法是说价值由心灵创造。在我们物理世界的概念上,所有的"光影"都来自于

---

①这并非意欲暗指波的某种重要的效果,我想航海更愉快的印象是真实的。

心灵,不参照意识的特性是不能解释的。

我们从关系——构造所建造的世界,无疑地注定了要随着我们知识的进步而大大地扩张。量子理论表明某种根本变化迫在眉睫,但是我想,我们的建造实践无论如何都会尽可能地拓宽我们的心灵,而且已经给予我们一个朝向物理法则的观念的一个不同的取向。我强调以下几点:

第一,一个严格定量的科学能够从纯粹的定性基础上产生,在公理上必须假定的可比性只是一个相似性与非相似性之间的定性区别。

第二,迄今为止,我们所认为的最典型的自然法则具有自明之理的性质,而基础构造(若有的话)的最终的支配法则看来与所有业已认识的法则类型均不同。

第三,心灵由于其选择力,已经使"自然"过程适应了一个主要地由其自身选择所确定的形式的法则体系,在这种法则体系的发现过程中,可以认为心灵从"自然"重新获得了心灵已经放进"自然"里面的事物。

法则的三种类型

只要我们能够判断,那么自然法则把它们自身分成三类:(1)同一性法则,(2)统计法则,(3)超验法则。我们刚刚考察了同一性法则——即通过服从它们的各个量所建筑的方法归结为数学上的同一形式而服从的法则,不能把它们看作支配世界的基础材料的真正法则。统计法则与群体行为有关,它依赖于如下事实,即虽然每个个体的行为都可能极端不确定,但是平均的结果能够可信地预测。大多数自然的明显一致性是一种平均的一致性,我们的宏观感觉只能是对巨量的单个粒子和过程的平均结果的认识,这种平均的规律性或许很好地与个体的巨大的无规律性相适应。我并不认为有可能把统计法则(比如热力学第二定律)当作其他类型法则对特定实际问题的简单的数学变换,它们涉及与先验的概率概念相关联的它们自身特有的一个因素,但是我们好像尚不可能在现行的任何世界底层的观念中为这个要素找到一个位置。

如果存在物理世界的任何真正的支配法则,那么它们必然可以在第三类法则——超验法则中找到。超验法则包含着那些在世界建造方案中暗含不能成为明显的同一性的法则,超验法则考察原子、电子和量子的特殊行为,亦即物质、电气和作用的原子性的法则。我们似乎已在建立它们的公式的道路上前进了几步,但很显然,我们的心灵正经历着比获得经典的场法则要艰难的多的奋斗,以获得它们的合理的概念。我们已经看到场法则,尤其是守恒法则间接受到心灵的制约,而心灵要求世界建造方案满足自身。一个很自然的想法是,在阐释超验法则时一个巨大的困难是由于这一事实,即我们不再从事从"自然"收回我们自身曾经放入"自然"之中的东西了,但最终我们要面对自然固有的支配体系,而我几乎不知道思考什么,我们决不能假设对于自然法则的新态度的可能的发展在短短的几个年头就已经完结了。原子性的法则如守恒法则一样,可能只是在世界表现中才对我们发生的,能够被我们曾经遵循过的某些论点的扩展作为同一性认识。但是很有可能,或许在我们已经把一切仅仅在我们对周围世界理解的模式中发生的附加法则清除以后,将留下在真正支配法则下发展的一个客观世界。

目前我们注意到如下对比:我们所认为的人造法则的特征在于连续性,而心灵仍未声称权利的法则的特征在于原子性。量子理论避免分数而坚持整数单位,似乎对于我们易于下意识地当作自然现象的一个体系施加的任何方案都很奇特,或许我们关于物理世界的最后的结论可以与克罗内克(Kronecker)的单纯数学观点相似。

"神创造了整数,其他一切都是人类的工作。"

第十二章
指针读数

熟知的概念与科学符号

在绪论中我们曾经说过，科学世界的原料不是从熟知的世界中借来的。物理学家故意把他自身弄得与熟知的概念绝缘，这是最近的事。他并未出发去发现一个新世界，而是修补旧世界。像其他人一样，他也从这样的观念出发，说事物多少总是它们被看见的那样，而我们对于环境的鲜活的印象可以看作工作的基础，渐渐地发现它的某些最为显明的特性不得不被排除。我们已经知道，我们不再是站立在固定不动的地球上骄傲地昂头向天，而是用我们的足部悬吊在以每秒很多英里的速度在空间旅行的球体上，但是这种新的知识还是能够通过重新安排熟知的概念来把握。我能向我自己十分生动地刻画出刚刚描述过的事物的状态，如果有任何曲解的话，也是在于我的轻信而不在于我的概念的能力。其他的知识的进步得到对于理解非常有用的帮助——"如像这样一点儿"的支持。例如,如果你们设想某些仅仅像一点儿微尘的东西,那么你们便得到了最近所考察的原子的观念了。

加上熟知的实在,物理学家不得不把例如重力或电场力的不可思议的作用考虑进来,但这并未干扰他的总体观点。我们不能说电力是"相似",但是它最初的漂泊并没有被最终接受,研究的主要目标之一已设定为发现如何把这些作用简化为用熟悉的概念的术语能够描述的事物——简而言之就是解释它们。例如,电场力的真正本质可能是某种以太的移动(以太在当时是一个熟知的概念——更像某种极端的物质),因此实在就在那里排起了长长的队伍,等待某一天将与熟悉世界的观念建立正确的关系,同时物理学不得不尽量好地招待它们,尽管并不知道它们的本质。

物理学处理的出奇地好。对这些实在的性质的无知并不妨碍成功地预测行为。我们已对事实逐渐了解,对等候队列里的物理量的处理方案正变得更为精确,也比我们对熟悉事物的知识更为满意。熟悉的概念不会吸收等候队列,但等候队列已开始吸收熟悉的概念了。以太,先后被视为一种弹性固体、胶质物、泡、回转聚集体之后,被认定不具有材料和物质的本质而再度回到等候队列。业已发现,科学能够极为成功地利用那些其本质悬而未决的实在达到,以致开始怀疑弄清这些悬而未决的方面是否有任何益处。当我们开始由等候队列中的材料建造熟悉的实在如物质和光时,危机来临了。最终,我们看到与熟悉概念的联结应该通过物理学的高级建造而不是从字母表开始。在对电子和量子在某些根本点上必然类似于工场中所熟知的材料或力的预期上,我们已经经受了并依然在经受磨难。对电子和量子我们所必须要做的是把通常的事物在一个无限小的尺度上加以想象。我们的目的是必须避免这类的确不合逻辑的预先判断,因为我们必然停止使用熟知的概念,所以符号就成为唯一可能的替代物。

我们用它自身的符号元素来建造世界的合成方法在科学理论中采

用的非常普遍,所建立的世界将模仿熟知的经验世界的真实行为。在科学杂志上任何普通的理论文章都默认假定这个方法被采用,已经证实这是最为成功的过程。这个实际过程也是本书科学部分所阐明的优点的基础,但我并不主张不容许其他的工作方法。我们认为在合成的末端必然存在与意识的熟知世界的联结,没有必要反对试图在合成末端到达物理世界。从哲学观点看,期望对这个入口进行探索,可以想象这将在科学上成果丰硕。如果我正确地理解了怀特海德博士的哲学,它就是他采用的过程。它涉及一定量的后向工作(如我们通常所描述的那样),但是他的"外延抽象"方法倾向于克服这类过程中一些困难。我没有资格对这个工作形成一个批判性的判断,但是在原理上它好像又极有兴味。尽管本书大多数方面似乎完全反对怀特海德博士的人人皆读的《自然的哲学》,但我却认为把他看作从大山的另一面挖掘隧道来与他的更少具哲学意味的同事们会合的一个同盟更贴近真实,重要的是不要把两个入口弄混了。

精密科学的本质

物理学的特性之一,在于它是一门精密的科学,通常我都把物理学的领域与精密科学的领域视为相同的。严格说来,二者并不是同义词。我们能够想象与物理学的普遍现象及法则没有接触,但依然容许同样精密处理的科学的发生。可以想象,孟德尔(Mendel)遗传学能够成长为一个此类的独立科学,原因在于它在生物学上所占的位置如同百年前的原子说在化学上所占的位置相同一样。孟德尔学说的趋势是把复杂的个体分析成"单元特征",它们与具有吸引作用和排斥作用的不可分的原子一样,它们的结合也受在化学热力学上具有非常重要地位的相同的机会法则支配,群体特征的数值统计可用预测化学反应结果同样的方法进行预测。

如今,这个学说对我们有关人生意义的哲学观点的影响并不取决于孟德尔的原子是否承认一个严格的物理解释。单元特征可以包含在载体的物理分子的某种配置之中,或许在字面上甚而对应于化学上的化合物,或者它可以说所被附加的对生命物质之特有的,也尚未在物理实在的议事日程中包含的某种东西,这是一个枝节问题。我们正接近重大的问题:是否存在任何精密科学进步所不能吞噬的生命、意识、神灵等的活动的领域。我们的忧惧并非针对特定的物理实在,而是针对精密科学能够适用的所有种类的实在。由于精密科学祈求或看来已经祈求一种人类精神所背叛的不可避免和没有灵魂的法则,如果科学最终宣称人只不过是原子一个偶然的汇聚,那么这种打击就不能被所讨论的原子是孟德尔的单元特征,而不是化学家的物质的原子的解释所缓和了。

下面我们来考察精密科学所处理的知识的类型。如果我们在物理和自然哲学中对更易理解的问题找到一份试卷,将发现类似如下的一段开头:"一头大象从一个长满青草的山坡滑下……"有经验的考生都知道,不必对此太在意,它只是用来给出现实主义的印象而已。接着他读到:"大象的质量是两吨。"我们触碰实质问题了,大象从问题中消失了,而两吨质量代替了它的位置。这两吨确切地是什么?这个问题的真正主题是什么?它意指在外部世界的特殊区域内发生的我们模糊地描述为"重量"的性质或条件,但我们将不能照此走得更远。外部世界的性质是不可测知的,我们将只能陷入不能描述的沼泽之中。从未留意两吨所指的是什么,它是什么?它是如何实际上如此确定地进入我们的经验的?当大象被放在称重机上时,两吨是指针的读数。让我们继续吧,"这山的坡度是60度"。至此,山坡从问题中消失了,60度角代替了它的位置。60度是什么?不必纠结于方向的神秘概念,60度是用量角器铅垂线分隔的示数,这个问题的其他数据亦相似,大象滑下来的柔软草坡被摩擦系数代替了,纵使摩擦系数或许不是指针的直接读数,但性质也相近。毫无疑问,在实践上有更多的迂回方法能够确定大象的重量和山坡的坡度,但众所周知因为它们都给出了与直接的指针读数相同的结果,它们的结果得以承认。

如此来看,我们看到诗意从问题中消失了,此时到了精密科学严肃应用的时候了,我们所剩下的仅有指针读数了。于是,如果仅有指针读数或其相当的量被置入科学计算的机器中,那么我们又如何琢磨出指针读数以外的任何事物?但是指针读数正是我们所琢磨出的,可以假设的问题是找到大象从山上滑落的时间,那么回答便是在我们手表上指示的秒数。

在上述问题中,精密科学的胜利包括在一个实验中大象称重的指针读数与另一个实验中手表指针读数之间建立了一个数字关系。当我们苛刻地考查其他物理学问题时,我们发现这具有典型性。精密科学的全部主题包括指针读数及相似的示数,在此,我们不能进入何谓相似示数分类的定义之中。带有刻度划分的指针近似一致的观察,一般能够扩展到包括对任何种类的一致的观察;或者如在广义相对论的语言中通常所表现的一样,是世界线的一个交叉。重要一点是,虽然在外部世界中我们好像具有非常明确的物体的概念,但那些概念并未进入精密科学之中,而且在任何方面都不为精密科学所确证。在精密科学能开始处理问题之前,它们必须要用表示物理测定结果的量来置换。

或许你们将会反驳,尽管仅有指针的读数进入到实际的计算之中,排除与任何其他事物的关联将会使这个问题变得毫无意义。这个问题必然包含某种关联背景,从山上滑下并不是称重机指针的读数!然而从精密科学的观点来看,实际从山上滑下只能被描述为一堆指针读数(谨记山也为指针读数置换了,而滑落一事也不再是一个积极的冒险,而是空间和时间测量的一个函数关系)。大象这个词唤起一种特定的精神印象的联想,但很显然,这类精神印象不能作为物理问题处理的主题。例如,我们有一种大小的印象,对此,假定在外部世界中有某种直接对应物,但是那种对应物必然具有超出我们的理解的一种性质,科学对之也无可奈何。大小也可由其他替代方法进入精密科学之中,我们用一对卡尺的一系列读数来置换它。相似地,我们精神印象中的灰黑色的样子在精密科学中也为多种光的波长的光度计的读数所置换。如此进行下去,直到大象的一切特性被抽除净尽,大象被简化为一个测量计划,通常有三重对应:

①一个精神印象,存在于我们的心中而不在外部世界之中。

②外部世界中的某种对应物,它具有不可测知的性质。

③一组指针读数,它们是精密科学家能够研究的,又与其他指针读数相关联。

由此,我们就有了我们准备描述滑落的指针读数的计划。如果你们依然认为代替物把所有的实在从问题中抽除,那么你们将会先行体尝到那些主张精密科学完全足以描述宇宙,以及主张在我们经验中没有什么不能被带入精密科学领域内的人贮备以待的困难,我也就不抱歉意了。

我乐于厘清,物理领域对指针读数以及类似示数的限定不是我自身的哲学狂热,其本质上是一个现行的科学信条,这可远溯到19世纪中可以辨别的趋势的结果,但在相对论出现以后才得以系统阐述。物理学家的词汇包括众多我们称为"物理量"的词语,诸如长度、角度、速度、力、势能、电流等。如今已经深刻认识到,对这些物理量依照我们遇到它们时所实际认识它们的方法,而不是依照我们可能预想的它们形而上学上的意义来对它们下定义。在旧的教科学上质量的定义是"物质的数量",但是在实际确定质量时,却预定采用一个并无此等定义的试验方法,有关通过可接受的测量方法所确定的数量代表这物体中的物质的数量这信念仅是一种虔诚的看法罢了。如今,说一磅铅的物质的量等于一磅糖的物质的量没有什么意义。爱因斯坦的理论把这些虔诚的看法悉数清除,而主张每个物理量都应定义为特定的测量和计算操作的结果。如果愿意,你们可以把质量设想为一种指针读数与之相关的具有不可测知性质的事物。但是在物理学上,至少用这种神秘的方法得不到太多东西,原因在于精密科学中所处理的正是指针读数本身。如果把它嵌入一个具有更超验性质的某种事物之中,你们将碰到唯有再次把它重行掘出的额外的麻烦。

在我们说质量是两吨的时候,心里并未特别注意实施称重操作的特定机器上的读数,这一点确实正确。那是因为我们并未从头开始处理大象滑落问题,一如我们初次探究外部世界一样。如果不曾假定试验者对于物理学的根本法则,即容许我们从一个读数导出其他的读数的法则有一般性的知晓,那他将不得不更为明确。正是由物理学法则所表示的指针示数的这种关联性,提供了任何现实问题所要求的连续的背景。

显然这个问题中有一个条件,即在称重实验和滑落实验中都涉及相同的大象,这种同一性如何能够仅用指针读数在世界的描述中表现出来?两个示数可能相等,但如果问到它们是否相同时就没有意义了。那么如果大象是一堆指针读数,我们又怎能问它是不是持续的相同的一堆读数呢?主考官并未向我们确认如何确保大象是相同的,我们只能得到他个人没有替换的保证。或许这头大象在两种场合下回答它的名字,果真如此的话,对同一性的检测显然超出了先进的物理学领域。纯粹位于物理学领域内的唯一测试是连续性的测试,从尺子到山坡的全过程大象都必然受到监视。我们必须要记着,大象是四维世界里通过或多或少不连续的边界与其他空间—时间划分开的一个管道。如果把大象的视网膜用作一个指示器,并频繁地读取该图像轮廓的示数,那观察者便自我满足于他自始至终遵循着一个连续而孤立的世界管道。如果他的警戒中断了,他便有碰到代替的危险,结果就存在所观察的滑落时间与计算的时间不相符的风险。[①]注意,我们并未如此推论,沿管长

[①] 这类代替物的一个很好的说明,由对特定的具有两个相等亮度分量的双星的天文观测给出。在观察间歇,两个分量偶然地互相交换,除非探究实际轨道与预测的轨道之间的差别增大,这种替换是检测不到的。

方向孤立的世界管道的内容存在任何同一性,这样的同一性在物理学上是无意义的。我们代之以质量守恒法则(一个经验的法则或由重力法则所引出的法则)。它确保,只要管道是孤立的,那么从称重实验得到的细目表上的指针读数沿管长方向具有一个恒定值(常数值)。就精密科学的目的而言,"同一个物体"被"孤立的世界管道"置换了。大象的特定性质的恒定性从其同一性来说并不假定为自明之理,而是从已被确认的与世界管道相关的实验及理论法则中推导得到的。

物理知识的限度

无论何时,只要我们采用物理量来描述物体的性质时,我们传播的是有关反映物体存在的各种计量仪器所指示的知识,一点多的也没有。这类知识终究是相当综合的,反映所有种类物体的知识——称重机及其他指示器,将完全决定物体与环境的关系,只留下其内部的、难以达到的性质未被确定。在相对论中我们将此视为完全的知识而接受,如此一来物体的性质可由科学探究所确定,而成为对一切周围物体的关系的抽象。相对论的进步主要地应归于功能强大的微积分的发展,利用一种无限的指针读数方案进行简明扼要的处理。在爱因斯坦理论论文中用的非常广泛的术语"张量"可以翻译成指针读数列表,数学非常密切地适用于物理概念是相对性数学理论的美学吸引力的一部分。但并非对所有主题均如此,例如,我们可以钦佩数学家的忍耐使得他们成功地、非常精确地预言了月亮的位置,但在审美上月心说是非常滑稽的。显然,月亮与数学家使用了不同的方法寻找月亮的轨道,但是通过使用张量,数学物理学家便精密地把他的主题材料的性质描述为指示器读数的详细列表,在物理科学上没有什么地位的那些图像和概念的附加物就被自动取消了。

认识到物理上所处理的物体的知识仅仅包括指针和其他指示器的读数,从根本上转变了我们对物理学知识地位的观点。直到最近,我们依然想当然地认为我们具有外部世界实体的极其密切的知识,让我举一个把我们带到物质和精神关系这个重大问题的根源的例子。对活的人类的大脑赋予以精神和思考。思考是世界不可争辩的事实之一,我确定知道我所想的事情,这不能归因于任何我的有关世界的物理知识,更进一步假定但是依据相当合理的证据,我确信你们具有思考的心灵,于是这就有了一个需要研究的世界的事实。物理学家带着他的工具开始系统的研究,他所发现的一切是在空间及时间内排列的原子、电子以及力场等的集合,显然与那些在无机物体中发现的东西相似。他可以追寻其他的物理学特性,能量、温度、熵,它们都不同于思考。他可以把思考看作一个幻影——他曾经发现过的物理实在的交互作用之某种有悖常理的解释。或者,如果他看到把我们经验的最无可怀疑的要素称为幻影的荒唐之举,他将不得不面对重大的问题:"这种普通原子的集合如何成为一种思维机器呢?"但是,我们是否具有使原子与应该构成一个能思考的物体完全不一致的本质的何种知识?维多利亚时代的物理学家在使用物质或原子等术语时,觉得他很清楚所谈论的是什么。原子是非常小的球——这个清晰的描述似乎要把原子的所有性质告诉你,却用一种超验的事物如意识、美或诙谐等绝不能达到的方法。但是现在我们意识到,科学并未论及原子的固有性质,物理学的原子正如物理学上的其他东西一样,是指针读数的一个列表。我们都认可该列表与某种未知的背景相关,那么为何不把它与思想是其重要特征的某种精神本质想关联?看起来,优先把它与和思想不协调的一个所谓的某种"具体的"性质相关联,进而又对思想来自何处而讶异是极其荒唐的。我们已经排除了我们所有的关于指针读数背景的先入之见,在大多数场合下发现不了它的性质的任何东西。但是在一种情形下,即对我自己大脑指针的读数——我有着不局限于指针读数的证据的洞察,那种洞察表明它们与意识的背景相关联。尽管我可以预期,物理学上其他指针读数的背景具有在这个特别的情形下展示给我的连续的性质,但我并不假想它常常会具有更为特殊的意识的属性。[①]但是考虑到我对背景的一小点洞察,并不会发生不可调和的问题,我并不具备与之调和的其他的背景知识。

在科学上,我们研究指针读数与指针读数之间的联系,这些术语在无尽的循环里与贯穿始终的同样的不可测知的性质关联在一起。要通过被物理学置于不能确定也不可确定地位的自然来阻止构成大脑的原子聚团,自身不致成为能思想物体是无计可施的,如果我们必须把我们的指示器读数的详表嵌入某种背景之中,以便至少使我们接受我们所获得的有关背景重要性的唯一的暗示——亦即这一暗示具有能够显示自身为心灵活动的性质。

物理学的循环方法

我必须将这个说法解释为物理术语的无尽循环,我将再行参考爱因斯坦的重力法则。我已经不止一次向你们解说过这个法则了,我希望你们从解释上获得一些概念。这一次我打算完完全全地说明它。或许任何人都很难理解它,但这并不碍事。在此,我们并不深入探寻重力原因的识见,我们的兴趣在于探寻在任何物理上的完全解释里所真正涉及的事物。

[①]例如,我们大多数人都应该假定(假设的)第五章所提到的世界的动力学性质是全体背景的特性。显然,在指针读数里发现不了,我们对背景的唯一洞察是在我们意识中的"生成"的感觉里。"生成"和"推理"一样,只有通过我们自身心灵中发生才会为我们了解。但与之相反,假定后者延伸到原子的无机集合,而前者可以(通常也是)延伸到无机的世界,以致无论从过去眺望将来还是从未来回望过去,无机世界的进程都无关紧要的话,将是荒谬的。

爱因斯坦的法则解析形式的描述如下：在空洞的空间中，一定量的所谓势能服从一定长度的微分方程式。我们对"势能"一词做个备忘，提醒我们后面必须对它的含义予以说明。我们可以想象一个世界，其中在每一瞬间和每个地方势能都有完全任意的值。实际的世界并非如此不受限制，势能只限于符合爱因斯坦方程的那些值。下面的问题便是"势能是什么？"势能可被定义为从对某种特定的被称为间隔的基本物理量的极其简单的数学计算得到的量（备注，要说明"间隔"）。如果我们知道整个世界的各种间隔的值，就能够给出得到势能值的确定的规则。间隔又是什么？他们是能够用尺子或时计或者用二者测定的事件对之间的关系（备注，说明"尺子"和"时计"）。能够对正确使用尺子和时计给出指导，因此间隔从它们读数的预先规定的组合得到。尺子和时计又是什么？尺子是一个带刻度的物质条……思之再三，我将把其余的描述留作"读者练习了"，原因在于那将花费相当长的时间去列举物质标准的行为的所有性质和精微之处，物理学家将承认物质标准是一个完美的尺子和一个完美的时计。我们将转到下一个问题，物质又是什么？我们已经排除了物质的形而上的概念。在此，我们或许可以描述物质的原子和电结构，但那将导向世界的微观方面，而我们在此采用了宏观的观点。把我们限定在力学方面，力学是重力法则发生于其中的主题，那么物质可以定义为以下三个相关联的物理量：质量（或能量）、动量及压力。什么是"质量""动量"和"压力"呢？爱因斯坦理论的最为深远的成就之一，就是对这个问题提供了一个精确的回答，它们是包含势能和它的相对于坐标的一阶和二阶导数的相当繁难的表达式。势能又是什么呢？为何它正是我一直在向你们解释的事物呢！

物理定义是按照在"杰克建造的屋子"内成为不朽的方法而进行的，"这便是势能，势能是从间隔中得到的，间隔是用尺子测定它，尺子是由物质制造的，物质体现着压力，压力……"对于杰克，每个少年自然都用不着介绍就知道他,但是我们并不和杰克一直走下去了,而是转个弯回到韵文的开头。那使猫焦躁,猫杀了老鼠,老鼠吃了麦酒,麦酒放在家里,家是由刮了面修了须的牧师建造的,牧师为男子主婚……这样就将无穷无尽地绕圈循环了。

但是或许你们早已把我的重力解释给简化了,当我们说到物质的时候,你们对于它已经了解充分了:"请不要再多做任何解释,我碰巧知道物质是什么。"很好,物质是 X 先生所知道的某种东西,我们来看看是怎样进行的:这是势能,势能是由间隔得到,间隔是用尺子测定的,尺子由物质制造的,物质是 X 先生所知道的。下一个问题是:X 先生是什么?(见图 8)

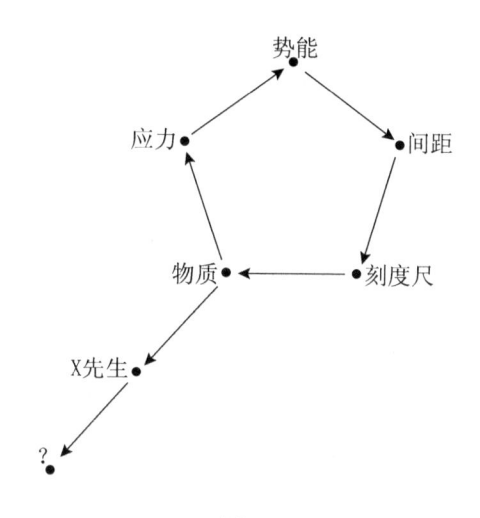

图 8

这样,就碰到这样的事,即物理学根本不急于要弄清 X 先生是什么的问题。物理学并不倾向于一个物理学的宇宙之精妙的结构是"X 先生所建造的家",物理学把 X 先生——特别是它自认知晓的 X 先生的一部分——看作一个相当讨厌的租户,这个租户在世界历史的后期阶段来到无机的"自然"通过缓慢的进化进步而设计建造的一个结构中定居。因此物理学从通向 X 先生的道路上变了道——而且走得更远,把他的循环给闭合了,却把 X 先生留在了寒冷的外面。

从其本身的观点而言,物理学是完全经过验证的。物质经由某种间接方法来到 X 先生的心灵范围内并不是对物理学理论体系有任何益处的事实,我们不能把它体现在微分方程式之中,而是将其忽略。物质及其他实在的物理属性由它们在循环中的联系所表现。你们能够看到,物理是如何通过该循环的精巧机构使得自身确保完备的研究领域而没有松散端投射到未知之中。其他所有的物理定义都具有同类互相连锁,电力定义为导致电荷运动的某种东西,电荷施加电力的某种东西,因此,电荷是施加某种东西的东西,某种东西产生某种东西的运动,某种东西又施加某种东西,某种东西又产生……以至无穷无尽。

但我现在并不是在写纯粹的物理学,从更为广泛的观点来看,我并没有看到我们如何把 X 先生省略,必须把物质是"X 先生所知道的"这一事实确定为物质的一种根本属性。我并未说这一点是非常特别的,因为物理学的其他实在对他而言也都是可知的。但是,用于唤起意识里的印象的整个物理世界的潜力,在我们把实际的世界与我们想象中可能被创造的世界比较时是一个不能被忽视的属性,看来占优势的倾向是把这一重要性最小化。有关的态度是,"X 先生所知道的"是可忽略的性质,原因在于 X 先生如此聪慧,使得他对应该知道的任何事物都能够很好地了解。我早已力主反面的观点——心灵具有确定的选择活动,而且因为物理学处理心灵所知道的东西,①所以它的主题材料已经经历过并确实保持着这一选择过程的证据。

---

① 这一点对于一切实验物理学是正确的,如果理论物理学基于实验(专业角度确实如此),那么对理论物理学而言这一点也必然是正确的。

现实性

"能够为心灵所感知"是又一个把我们经验的现实世界与假定相同的"自然"的一般法则想象，在其中适用的想象世界区别开来的性质。来考察乌托邦世界，我们认为它也由支配我们世界的所有已知的和未知的自然的法则所支配，但这个世界拥有更好的星球、行星、城市、动物等等——一个可能存在但确实不存在的世界。物理学家如何才能检验乌托邦不是实际的世界？我们来看它里面的一片物质，它并不是真实的物质，但它按照重力法则吸引着乌托邦里的任何其他的（非真实的）物质片。由这些非真实的物质所制造出的尺子和时钟将测得错误的间隔。但物理学家并不能测知这种错误，除非他首先能够表明物质的非真实性。只要乌托邦内的任何要素被证明为非实在的，那乌托邦世界便坍塌了。但是，只要我们依然遵循着物理学的循环，我们就决难找到其弱点，原因在于每个要素都正确地与循环的其他部分相关联，循环所表示的一切我们的"自然"法则都在假定的乌托邦里得到遵守。非实际的星球释放非实际的光线，光线落到非实际的视网膜上并最终到达非实际的大脑。下一步使乌托邦脱离循环，给予暴露其完整诡计的机会。人脑的扰动转变为意识了吗？这将检验大脑是否真实，对意识是否真实并不存在疑问。意识是自我感知的，真实这个词语对此并未多带进来什么。在"自然"法则之下可能成为实例的无数的世界之中，必定有一个世界在做一些远超过满足这些"自然"法则的事情，这种性质显然相对于任何自然法则均不可定义。我们将其描述为"现实性"——通常把这个词作为一种不确定意味的光环。我们已经看到，现代物理学的倾向是要排除这些不确定的属性，按照我们碰到那些属性时，我们认识它们的方法对它们进行定义。我们之所以认识一个特别世界的现实性，是因为它是与我们意识交互作用的唯一的世界。无论理论物理学家多么不情愿与意识发生联系,但实验物理学家自由地使用这种现实性的试金石。或许他宁可相信,他的物质性感觉器官为他的仪器和观察的现实性提供了保证,而终级保证者则是认识物质器官表达的心灵。我们每个人都具备这种现实性的试金石,借助这个试金石,我们能够决定我们这个悲苦的世界是现实的,而乌托邦只是个梦境。由于我们的个体意识不同,所以我们的试金石也不同。但幸运的是,它们对现实性的表达都完全一致——或者说它们达成一致的表达无论如何都是足够多数,而把其他的方面封闭在精神病院内。

很自然,理论物理学就其一般性法则体系的形式上看,应该没有计及数量上的现实性和现实性的保证者,因为正是这种忽视构成了"自然"法则和特定的事件序列之间的差异。可能性是自然科学的领域,现实性是自然历史的领域。我们几乎无须附加这种设想,即在比现实性更为广阔的范围内的自然科学里会得到对现实性更好的理解。

从此精巧的法则的物理体系更为广泛的观点来看,我们不能把与心灵相关的联系仅仅作为一个自存的无机世界中的一个偶然事件处理。在提到现实性与非现实性只有与心灵相联系时才会有区别时,我并非意味着暗示一个没有意识的宇宙并不比乌托邦的状态强多少,但是世界的现实性的性质是不能定义的,原因在于下定义的一个途径被切断了,"自然"的现实性一如"自然"之美。在没有意识存在以目睹时,我们几乎不能把一幅美景描述成不存在的,但正是通过意识我们才能赋予美景以意义,所以它具有世界的现实性。如果现实性意味着"心灵所知道的",那么它便是世界的一种纯粹主观的特性。为使之客观化,我们必须代之以"能够为心灵所感知的"一词。无论个体意识注意与否,只要把现实性的状态赋予它,我们把为现时的特别的心灵所知道的世界的过去事件看得越轻,那么我们必然要把为心灵所知道的作为物质的一种根本客观性质的势能看得越重。

在图 8 里,X 先生在一个特别的点上与循环相关联,以示对他假想的他知道物质的主张表示敬意。但稍做思考,便表明心灵与物理宇宙的接触点并不十分明确。X 先生知道一张桌子,但是与他心灵的接触点并不在桌子的材料中。光波从桌子传播到眼睛;在视网膜上发生了化学变化,在视神经中发生了某种传播,大脑中的原子变化随之发生,恰恰是成为意识的最后一步发生在哪里并不清楚。我们并不知道物理世界中的信息在它成为意识中的一个感觉之前的最后阶段,这并无分别。物理实在具有一种循环关联,不管我们赋予其中一个何种内在性质,它都作为一个背景穿过全部循环,物质、电或势能是否直接刺激于心灵并不是一个问题,在它们的物理图景中,它们都同等地表现为指针读数或指针读数目录。根据我们关于世界建造的讨论,它们是从基础关系的特定方面的可比性上引发出来的构造的测度——无法极尽那些关系的意义的测度。我并不相信在大脑某个点上物质的活动激起一个心灵活动,我的观点是物质活动在此是心灵活动特定方面的测度描述。物质的活动是我们认识构造测度的组合的方法,心灵活动是我们对由其比较性给予那些测度以基础的关系的复杂性的洞察。

X 先生是什么

在这些考察的光芒之中,让我们看一看我们能从"X 先生是什么"这个问题里了解到什么。我必须单独探究这个问题,在没有首先回答或假设回答同等困难的问题"你们是什么"之前,我自身难能获得诸位的配合。因此,全部探究必须在我自身的意识领域内进行。在那里我发现某些特定的数据声称与这个未知的 X 有关,我能够(用相应于我的意志力的力量)把这些数据扩展,亦即我能够对 X 做实验。例如我能够进行一个化学分析,这些实验的直接结果是在我们的意识内发生特定的视觉或嗅觉感知,显然地,从这些感觉得到关于 X 先生的任何合理的推断都相距遥远。例如,我获悉 X 先生的大脑中有碳元素,但其直接的知识却是我自身心灵里的某种东西(不是碳元素)。为什么在心灵里意识到某种东西时我却继续确定其为其他地方的某种东西?原因就在于存在一个推理系统体系,能够追踪从一个事物到另一个事物的知识。除了本能或常识的推断——科学推断的粗略的先驱,推断遵循一个连锁。这个连锁只能用符号表示,从我定位我自己的符号世界中的点延伸到我定位 X 先生的点。

这个推断的一个特色就是我从未发现碳元素实际是什么,它依然是个符号。在我自己的"大脑——心灵"中自有碳素存在,但是我的心灵的自我知识并未把这个显示给我。我只能知道,代表碳元素的符号必须遵循通过外部世界的推理的途径而位于某处,这与发现 X 先生过程中所用到的途径相似。因此无论这种碳元素与我的思考力关联多么密切,它还是作为一个符号从我发现其存在的任何思考能力上被逐出去,碳元素只有用属于物理循环体系的其他符号表示才是一个能定义的符号。我发现了如下的事实,为了使描述物理世界的符号可以符合它们所遵守的数学公式,有必要把代表碳元素的符号(在其他符号中)放置在 X 先生的位置处。用相似的方法我能够进行关于 X 先生的彻底的物理检查,从而发现所有放置于他的位置上的符号阵列。

这种符号阵列把 X 先生的全貌都给我了吗?这样想毫无道理。通过电话线到达我们的声音并非在电话线另一端的全部,科学的联系类似电话线,它只能传送建造它时能够传送的而不会超越。

可以看到通信线路具有两个方面。它是一个从直接与我的心灵感觉相关联的符号延伸到 X 先生的符号描述的推理链条,它也是在外部世界中一个从 X 先生出发到达我的大脑的刺激的链条。理想状态下,推理链条确实与携带信息的物理传送步骤相反。(很自然,我们通过使用所积累的经验和知识在推理时走了许多捷径)。通常,我们只把它视为第二方面即物理传送,但因为同时它也是一条推理线,所以它也受到限制,即我们不必预期一个物理传送会与之相合。

  物理研究中所用到的推理体系简化为支配那些符号的数学公式,所以只要我们拘泥于这个过程,我们就要受限于适合此类数学公式的算术字母的符号。①因此,不存在通过物理研究获得 X 先生知识的机会,而只能获得数值形式表达,以便通过一系列数学公式传递的事物。

  数学是精确推理的模型,在物理学上,我们已经尽力把粗糙的推理更换为这种严格的推理。在我们不能完成数学链条的处所,我们承认我们是在黑暗中徘徊而不能确定真实的知识。由此,少数人就疑惑,物理科学应该进化形成有关包含通过形成确定体系的数学公式严格地互相勾连的实在的世界的概念。这种知识完全由推理得来,因此它受到束缚,要与所使用的推理体系相符。物理法则的命定性简单地反映了推理方法的命定性,这种科学世界的呆板的性质,不必烦扰那些确信我们的环境的主要意义更加是精神特性的人。任何人只要研究过物理学家所应用过的推理方法,他都能预测我们必须发现的世界的普遍特性。他所不能预言的,是这种方法的巨大成功——将如此大比例的自然现象提出来引入事先裁定的体系之中。但在发展过程中对未来的进展做了全面的考虑,那么假装这完全是综合性的是在公然侮辱明显的事实。X 先生是反抗队伍中的一员,当声波撞击到他的耳朵时他便运动起来,但并不依照包含了声波物理测量数据的数学方程式而是依循那些声波通常所携带的意义而运动。要了解是什么导致 X 先生举止如此奇异,我们必须不仅要重视推理的物理体系,也要重视在那些符号后面在我们自身心灵里所拥有的洞察。正是由于这种洞察,我们才最终得到对于我们的问题"X 先生是什么"的一个回答。

---

① 我认为,唯一的例外是狄拉克在第十章新量子论中引入 q 数的普遍化处理,在非数值基础上依然不存在推理的普遍化体系的近似。

第十三章
实在

实在与具体

我们的一个祖先在森林中收集树林,他没能够得到他所属意的大树枝而两手空空。这个偶发的事件或许可以很好地表达对于物质与虚空的区别的哲学反映——这里与重力现象不相干。事情尽管如此,但是他的子孙们到了今天已经形成了对于物质的巨大的尊敬,我们对于如何或为什么却一无所知。若就日常经验的考察,实质占据了舞台的中心,它用外形、颜色、硬度等适合我们数个感官的性质装扮了自己。舞台之后,是被控制着明星演员的力及不具形的作用所渗透的空间及时间的一个从属的背景。

我们关于实质的概念只在我们尚未直面它时才是活生生的,当我们分析它时它便开始褪色了。我们可以把显然是我们的感官印象向外投射到外部世界的它的想象上的许多属性排除掉。如此一来,在我们看来如此生动的色彩只存在与我们的心灵里面,而不能在实质的物体自身的合法概念中体现出来。但是在任何情形下,色彩都不是实质的本质性质的一部分。其想象上的性质是我们打算用"具体"一词在心灵上所唤起的东西,它或许是我们的触觉的一个外部投射。当我试着从问题之枝节上把它的实质或具体性以外的每件东西都抽取出来,并集中注意力来加以理解时,所有的观念都逃开了。但是这种努力,一并带来了一个本能的紧握十指的事——从这件事中或许我可以推论出,我的关于实质的概念与我的栖息于树上的祖先没有多大差异。

实质如此顽强地在经验的舞台之上占据着主演的地位,以致在普通用法上,具体和现实差不多是同义词。让既不是哲学家又不是神秘学家的任何人来命名典型的实在事物,他基本上必然要选择一个具体的事物。把"时间是否是实在的"这个问题摆在他面前,他可能将踌躇再三才能做决定,把时间分类成实在的。但是他内心又有这样一个感觉,即这个问题在某个方面是不适当的,他正经受着不公平的交叉煎熬。

在科学世界里完全缺乏实质的概念,几乎完全代替实质概念的事物,即电荷并不像明星一样被抬高到其他的物理学的实在之上。为此,科学世界常常用它的非实在的外形来打击我们,它没提供任何满足我们对具体的要求所得到的东西。若我们不能组织其要求时又当如何?我尝试着去组织它,但是除了十指紧握以外没有任何结果。科学不会忽视触觉和肌肤感觉的感受,科学在把我们从具体的东西上引开,它在提醒我们,我们与实在的接触比反映于猿猴心灵的会有更多的变化,对他而言,支持着他的树枝是实在的起始和终结的典型化。

目前占据我们注意力的并不只有科学世界,依照前一章的说法,我们正形成一个更大的观点,其间,物理学的循环体系拥有许多它自身以外的东西。但是在涉足这风险更大的领域之前,我们不得不强调一个有明确科学意义的结论：近代科学理论已经脱离了把实在的东西与具体的东西同样看待的共同的立场了。我想我们可以达成共识，即时间较之于物质是更为典型的物理实在，这是因为时间对于那些物理学所拒绝的形而上学的关联是更为自由的。得寸进尺并不公平，说到这里物理学也要即刻承认实在是精神上的，我们不得不更为小心地前进。但是在接近这一问题时，我们绝不再被诱惑采取如下的态度：缺乏具体性的每个事物由此都要自责。

我相信，经验的科学领域及科学之外的领域之间的分野，不在于具体的与超经验之间的分野，而是可计量的与不可计量之间的分野。我对于科学以外的领域的任何种类的伪科学都感到其存在时，我便站到唯物主义一边了。科学并不因为偏狭而受到非难，原因在于它拒绝处理与其自身高度组织的方法不相适应的经验因素，也不因其目空一切地看待我们的知识与对经验的不可计量部分推理方法的比较而言的非组织性而求全责备。但是我想我们并不因在前两章中试图表明伪科学如何在经验的全部领域里出现而有什么罪过，即所选择的部分能够表示精确的测量表达，而这种表达是科学方法的发展所必需的。

心灵材料

我将尽力使我们现在所达到的对实在的一瞥确定。只有我自己纠缠于细节时，我才十分了解我或许会出错，纵使在当代科学的哲学倾向上采取了正确的见解，然而对事物的本质提出一个事先准备好的体系也为时过早。如果批评家们提出，更多地在专业心理学家领域之内达到特定的方面，我必须承认这种批评是恰当的。我相信，科学最近的倾向已把我们举到了高处，从而我们能够俯瞰哲学海洋的深邃；如果我猛然跳入其中，并不是因为我相信我的游泳能力，而是试着表明哲学的海洋确实很深。

粗率地下个结论吧——世界之材料即心灵的材料。正如通常粗率的陈述一样,我将不得不解释一下,这里说到的"心灵"并不准确地表示心灵,说到的"材料"也并非完全是说材料,这依旧是我们在一个简单的话语中所能近似表示的观念。世界之心灵的材料,当然比我们个体意识的心灵更为普遍,但是我们可以设想其本质并非完全处于我们意识里的感情以外。之前物理学理论的实际物质及力场各不相干——除非由心灵的材料自身把这些想象加以编织。现在理论的符号物质及力场更为互相关联,不过它们也同样地具有会计师的账目与大学活动的关系。如果视之为当然之事,则构成我们自身的世界之一部分的心理活动将不出现任何讶异。我们经由直接知识得知这一点,我们也并不把这一点解释为超出我们所知道的以外的东西——或者宁可解释为它自知要成为的事物。我们所必须解释的是世界的物理方面,已在我们关于世界建造部分的讨论中的众多方法所假定。我们的身体比我们的心灵还要神秘——至少它们可以通过物理循环体系的方法在一个侧面确定神秘性,这使得我们无须克服对隐伏的神秘性的把握而研究其表象行为。

心灵的材料并不在空间和时间内扩展,空间和时间最终是心灵的材料所得出的循环体系的一部分。但是我们必须假定,在某些其他方法或方面上,心灵的材料能够细分成各个部分。心灵的材料只在这里那里一些小岛上才上升到意识水平,但一切知识正是出于这些小岛。除了包含在每个自知单元之中的直接知识以外,还有推理得到的知识,推理知识包括我们关于物理世界的知识。有必要持续提醒我们自身,对物理世界从中构建的环境的一切知识,以沿着神经传导的信息的形式进入我们的意识之中,显然信息消息以编码形式传送。当与一张桌子相关的信息沿神经传导时,神经扰动根本不像生成心里想象的似外界的桌子,也不像在意识中所引发的桌子的概念。① 在清算中心里,所进入的信息,部分通过得自于我们祖先的经验遗传下来的图像构造本能,部分通过科学的比较和推理而被分类编码。通过这种非常间接的和假设推断,我们就构建了我们假定熟悉的所有事物以及我们关于外部世界的理论。我们认识一个外部世界是因为它的丝丝缕缕跑进了我们的意识里,我们真正知道的只是我们自己这一端的丝丝缕缕。从我们这一端我们多少成功地重建了其他部分,正如生物学家从灭绝了的一只怪物的足迹重新构造这个怪物一样。

心灵材料是构成物理世界的建筑材料的关系及关系点的集合,但是,我们关于建筑过程的数据表明,这些关系之中所隐含的许多东西都被视为我们所要求的建造过程没有用处而被抛弃了。我们的见解事实上与 W. K. 克利福德(Clifford)在 1875 年的见解相同:

"构成一个人的意识的连续的感觉是在我们心灵中产生的他的大脑活动的知觉的实在。"

意即,人类自身所知的作为一个连续感觉的东西,是这样的一个实在,即当为一个外部研究者的器具所探察时以与大脑物质结构相同的方式影响它们的读数,罗素又说道:②

"生理学家在考察一个大脑时所看见的东西存在于生理学家大脑里,而不是存在于在他所考察的大脑中。如果那颗大脑在生理学家考察时已死亡,那么大脑中都有些什么,我不善此道。但是大脑的主人依旧存活的话,至少他的大脑内容的一部分包含着他的知觉、思想及感觉。由于他的大脑也含有电子,所以我们被迫得出这样的结论:一个电

---

① 我意指在内在性质上的相似,如罗素所强调的,如果这个概念在科学上是正确的,对外部世界之中的桌子的结构和意识之中桌子的概念的符号描述,则和是相同的,这一点是正确的。如果物理学家不试图洞察构造背后的东西的话,那么他与我们把我们自身想象所讨论的两者之一的事便无关紧要了。
② 《物质的分析》第 320 页。

子是一个事件群。如果电子存在于人的大脑之中,那么构成它的各种事件之部分有可能是大脑主人的某些"心灵状态",或者无论如何它们同样是这个"心灵状态"之部分吧——因为不应那样假定,说一个心灵状态之一部分就是一个心灵的状态。我不欲争论"心的状态"一句话的究竟意义,据我看来,主要之点便是心灵的状态这一名词应该包含着知觉。因此一个知觉是一事件或各事件之群体,知觉之一是属于构成脑中电子的群体之一或一个以上之事件。我想,这怕是关于电子能够做成的最具体的叙述了,能够拿来说的其他各件事差不多都是抽象的和数学的。"

我引用这段话的部分原因在于备忘,提醒我们不应该假定心灵状态的一部分必然是一个心灵状态。我们无疑地能够把短时间间隔内的意识内容多少分析成是要素成分的感觉,但并未表明这种心理分析从原子或电子所建立的测定数中揭示出这种要素。大脑物质是全部心灵状态的一部分方面,但是,对大脑物质的物理研究分析完全不与心理研究的心灵状态的分析平行。我假想罗素的意思是警示我们,在说到一个心灵状态的部分时,他并没有把自己限制在此类心理学所意识到的部分里面,再有他承认这种分析是更为抽象的一类。

如果我们假定心灵材料与意识完全相同,那么这便引发一些困难。但是,我们知道在心灵中有哪些一刹那并不在意识之内,但是能在意识之中唤起记忆。我们模糊地明白,我们回忆不起的事物存在于周围某处,有可能在任何时刻浮现于心里。意识不能清晰定义,而是渐渐隐退到潜意识之中。如果超过了那个界限,那我们必定认为有些不确定但依然又与我们的心灵的性质连续的东西,我把这个称为世界的材料。我将其比之为我们的意识的感觉,因为在现今我们确信了物理实在的形式的和符号的性质,再没其他东西可与之相比。

有时候把世界的基础材料称之为"中性材料"而非"心灵材料",这是因为心灵与物质二者都由其发生。若有意强调这一点,说只有有限的心灵小岛才构成实际的心灵,甚至这些心灵所知道的小岛并不等同于可能在那里存在的事物的全部,那我也同意。实际上我假定,意识自知主要地或全部地是规避了记述的登记方法知识。"心灵材料"一词是可以被修正的,但"中性的材料"看似是个错误的修正,它暗指我们有两条路能够了解其本质,而我们只有一条道到达那里——即通过我们心灵的直接知识。所假设的通过物的世界的道路只会引向物理循环,在那里我们好像一头小猫追逐自己的尾巴一样绕圈子跑却始终得不到世界材料。

我假设我们已把实质的幻影弃置脑后很远很远,以便"材料"一词不会招致任何误解,我确实不打算把心灵物质化或实质化。心灵正是你们所知道的心灵的样子,那么为什么我要对它的本质要多言呢?"材料"一词与其不得不作为世界建造基础的功能有关,并不暗示对其本质的任何修正。

要让实事求是的物理学家接受每个事物的基础都是属于心灵性质这个观点是困难的,但是没人能够否认心灵是我们经验中最初和最直接的东西,所有其他一切都是遥远的推断——或者直观的推断,又或是慎重的推断。如果我们不是具有与一种更为满意的"具体的"实在的材料相反的材料——它太过惯性和愚鲁而不能给出一个幻影的印象,或许(作为一个严肃的假说)世界能够建基于任何其他的东西在我们看来决不至于发生。与之相反的东西被证实为一个指针读数详表,尽管一个符号特征的世界能够很好地从它构建,但这不过仅仅是强调对经验世界的本质的探究而已。

关于物质世界与精神世界的关系的观点或许在一定程度上可以缓和科学与宗教之间的紧张,物理科学好像占据理论一个自足的、实在的领域,它独立地沿自己的道路行进,与我们内心确认更为高贵的实在的声音毫不相干。我们羡慕这种独立性，我们对于存在一个显然地自给自足、其中上帝成为一个不必要的假设的世界并不轻松。我们意识到"上帝"之路是不可测知的，但是，在宗教心灵中不是依然存在着有关古老预言的感觉，这些预言唤起上帝以便确认他的权威并借助符号或神迹宣称自然之力受命于上帝的控制？然而，如果科学家反悔了，并承认在支配星球与电子的作用之中包含一个无所不在的神灵——我们向其追索意识的神圣之处的神灵——是必要的，此时难道不会出现更严肃的理解？我们应该怀疑正如为了恢复物理体系的秩序而时时被导入的其他作用一样，而把上帝简化为微分方程式的这种倾向。无论如何都要避免那个大的失败，因为物理微分方程的氛围是从比较广泛的实在抽取出来的测度的循环体系。不管日后科学发现把循环的分支如何扩大，它们都不能从其真正的本质上侵入它们在其中保持其存在——其现实性的背景之中。我们自身的心灵意识正是处于这一背景之中，若这里是任何处所，我们可以找出一个比意识更大然而又很接近意识的力。使精神底层的支配法则与物理的微分方程或其他数学方程相似是不可能的，精神底层在意识内为我们所知本质上是不可测度的，而那些方程只有给予了测度量才有意义。因此，一个精神的神性之最粗糙的类人形象几乎不能如测度方程式所描述的东西那样广泛的真实。

实在的定义

现在到了我们必须用"实在"及"存在"等松散的用语来把握的时候了，我们已经使用这类用语而并未探究他们所要传达的意义。我只怕实在这个词并不表示其所适用的事物的普通定义的特征，而是作为某种上天的灵光来使用。如果我们之中任何人对于我们自身的"自我"以外的任何东西的实在或存在所含的意义有最微弱的观念，我都深表怀疑。这是一个大胆的说法,我必须捍卫它以免被人误解。自然了,采用传统的定义也能够达到"实在"用法的一致性,我自身的经验或许可以用如下的定义来概括,即如果我个人认为其具有意义是一类探究目标的话,一个事物可以说是真实的。但是,如果我仅仅执着于这一点,那样将把一般所假定的意义削弱了。在物理学上,我们能够给出一个与感情神秘性无涉的冷冰冰的有关实在的科学定义,但是,这并不是很公平的做法,因为"实在"一词通常都以唤起感情这一意愿而使用。这是一个结论的冠冕堂皇的用语,"受人尊重的演说者不断地宣称,他持之以恒地奋斗的和谐友好如今已经成为现实(欢声喝彩)",很难理解的概念不是"实在"而是"现实"(欢声喝彩)。

首先让我们按照实在一词纯粹的科学用法来检视这个定义,虽然它并没把我们带得很远。对我而言用于研究的唯一的主题是我的意识的内容。你们能够把你们的意识内容的一部分传达给我,因而能够达到我自身的意识之中。出于一般都承认的理由,虽然我不乐于必须证明这些理由是结论性的,但我还是认为你们的意识与我自身的意识处于同等地位。而且,我利用我的意识的这部分二手信息把"我自身放到你们的处境里",由此,我的研究主题被分化成许多意识的内容,每个内容都构成一个观点。如此一来就产生了组合这些观点的问题,通过这些组合引出了物理学的外部世界。在任何一个意识内个体意识越大,显然地就越会被意志所改变。但是,存在一个对其他意识是共同的稳定的因素,我们希冀研究该共同因素,尽可能完全、精确地加以描述并发现时而与这种观点时而与那种观点相结合的法则。这个共同因素不能置于这个人的意识里,也不能置于另一个人的意识里,它必定居于中立地带——一个外部世界里。

确实,我对外部世界有一个强烈的印象,即它脱离了同其他有意识生命的交流,但脱离了这种交流,我便失去信任这种印象的理由了。我们共同的关于实质、世界范围的时刻等等的大多数印象都已被证实为幻影,因此世界的外在性可能同样不可信。外在性的印象在进入我梦境中的世界里同样强烈,梦中世界更缺乏理性,但那样却可以作为支持其外在性的一个理由,以此表明它与理性内在的能力无关。只要我们不得不单独处理一个意识,那种存在一个对显现于其中的事物的一部分负责的外部世界的假设就是一个空谈。有关外部世界所有能确认的只不过是对显现在意识里的世界的更为确定的知识的重复,这个假设仅在其意在将占据不同观点的众多意识的世界组合到一起时才有用。

物理学的外部世界由此就成了一个展现给不同观点的世界会议,对如何形成会议的原理有一个普遍的认同。如果关于这个外部世界的叙述清楚的话,它们必然或真或假,这往往为哲学家所否认。极为普遍的说法是,关于世界的科学理论既不真实也不虚假,而只有方便或者不方便。一个有用的短语是科学理论的价值标准是其是否节省了思考的工作。确实,一个简短的叙述比起一个冗长的叙述来要更好。就任何现有的科学理论而言,相对于其是否是真理,更为容易地是表明其是否方便或节省了思考工作。但无论实践中我们使用多低的标准,我们都无须放弃我们的理想。只要在真理与谬论之间还存在区别,那我们的目的必须要消除谬论。至于我自己呢,我主张科学的不断地进步不单单是功利性的进步,而是达到更为纯粹的真理的进步。我们只要理解,我们在科学中所寻求的是作为研究主题提出的关于外部世界的真理,并不受限于那个世界的状态的任何看法——无论它是否磨蚀了实在的光环,也无论它是否当得起"欢声喝彩"。

假定世界会议正确地进行着,那么外部世界以及显现于其中的一切都可称之为实在而无须更多烦扰。当我们(科学家们)承认在外部世界中的任何事物是实在的也存在的时候,我们所表达的是我们认为世界会议是正确地进行着的这种信念——亦即它不是在综合过程中被一个谬误所导入的一个错误的概念,也不属于唯一一个个体意识的幻觉,也不是包容着某些观点但与其他观点相矛盾的一个不完全的体现。我们拒绝设想那种糟糕的偶然性,即我们费尽千辛万苦才获得的外部世界却因其不存在而被剥夺了资格,因为我们对假想中的资格,或者,如果世界通过了暗地的考察世界的声威将能够以何种方式得以提高等没有任何概念。外部世界是与我们共有的经验相对抗的世界,对我们而言,其他任何世界,不管它在资格考察中如何出类拔萃,都不能起到与它相同的作用。

对于科学而言,存在的内在定义遵循着目前科学中的其他定义所采用的原理,即一个事物必须依照在实际中认识它的方式来定义,而不是依照我们想象其拥有的某些更辽远的意义来定义。正如物质必然要摆脱掉它的实体性概念一样,存在在我们容许它进入物理科学之前也必须摆脱它的光环。但显然地,如果我们要承认或者怀疑不包含于物理学的外部世界中的任何事物的存在时,我们便必须超越于物理学的定义。对物理世界的实在的唯一的疑问,暗含着比科学方法本身能够提供的还要严格的检查制度。

物理学的外部世界已经规划为对人类经验中所遇到的一个特别问题的解答,在正式场合,物理学家把它看作一个偶遇的问题,如同他可能在报纸上遇到的字谜问题一样。他唯一的事情是看着问题得以正确解决。但是,对这个一无所用以及在其解决中没有什么干系的问题可能出现疑问。关于外部世界的问题自然引发的外来的疑问是:是否存在启动这个世界解决竞赛的更严格的辩护,而非启动我们的经验可能提示给我们的其他问题。科学家对他的探索所宣称的辩护究竟是何者并不很清楚,原因在于做出这个宣示并不在科学领域内。但的确是,他所做的宣示不依赖于解决之道的美学完美性,也不依赖从科学探究中所得到的物质利益,他不会让他的主题在关于真理的会议中靠边站,我们几乎不能说有什么东西能比科学为了它的世界而要求一个"光晕"的事更确定。

如果我们发现外部世界的原子及电子不仅仅是一个传统的实在而是"实在"（欢声喝彩），我们便必须不能只盯着这种探索的结局，而要着眼其发端，我们必将在其发端获得把这些实体置于一个任意精神演练的单纯产物之上的许可，这涉及使我们步入发现之旅的冲动的某种评价。我们能够如何评价呢？并不是由我所知道的任何推理来评价。推理仅仅告诉我们冲动必须以冒险的成功来判断——即它是否最终达到实际存在，而损耗了其自身权利内的光环，它带着我们沿着推理链条徒劳地穿梭寻找虚幻的光环。但是，不管合法与否，心灵确信它能够把作为不可争辩的权威所认可的特定探究区分开。我们可以用不同的方式来表现它，对这探究的冲动是我们真实本质的一部分，它是拥有我们的目的的印象。这是我们在寻求确认外部世界的实在时真正的意义吗？它以某种方式意欲给出某种意义，但绝非完全相当，除非我们采用在一个"绝对的评价者"眼中看来这种探究及其所获得的结果是有价值的这个更大胆的假设时，我都怀疑我们确实能够满足隐藏于那种要求后面的概念。

无论在源头我们接受何种辩护以证明外部世界的实在，它也难能不在同样的基础上承认很多东西是处于物理科学之外的，尽管没有标准的推理长链悬垂而下，但我们认识到，我们存在的其他纤维向着远离感官印象的方向延伸。我并不太在意借用如像"存在"与"实在"等词语来冠在心灵兴趣的其他活动范围之上，我宁肯认为，在其超经验的感觉之中，对实在的疑问的产生（这个疑问或者从物理学世界产生，或许不是），把我们引向一个背景之中，从这背景里我们看到，人并不单单是一堆感觉印象，亦是外部世界为其从属的目的和责任的意识。

由这个背景我们认识到与物理世界伴随着的一个精神世界。经验——即伴随着环境的自我,包含着较物理世界能够拥有的更多的东西,被限制在一种复杂的计量符号里。我们已经看到,物理世界是在经验的调查中所引发的一个确定和紧急的问题的解答,没有其他问题紧随其后并具有类似相同的精度和精致。对于我们本质上的非感觉的组成的理解的一种进步,似乎没有遵循同样的方向,实际上也没有被同一目的所激励。如果感受到这种差异如此之大以致精神世界一词成为一个错误的类比,那我便不再坚持用这一术语了。我要主张的是,那些把意识作为具有不限于物质平面的利益与责任的一个自知的从意识开始追求真理的人,会与那些把意识作为读取光谱仪和测微器示数的仪器出发的人面临同样多的经验上的困境。

物理学的说明

如果读者不相信,一个事物在其存在与否的问题中能有任何不确定的话,那就请他看一看下面的问题:考虑在爱因斯坦的"有限而无界"的球形空间内的物质的分布,假定物质如此排列,使得每一个粒子在其对拓点上都有一个完全类似的粒子(有理由相信,物质由于重力法则的结果必然地具有这种排列,但这并不确定)。所以每一个粒子群,不仅在其结构和配置上完全与其对拓点类似,而且在其全部环境中也与之相类似,这两个粒子群实际上用任何可能的实验测试都不能区别。我们开始环球旅行,便遇着一群 A;之后继续走到半圈后,我们便遇到任何测试都不能区别的一个完全类似的群,再转另一半圈又把我们带到一个完全类似的群,但我们确定这是原来的 A 群。现在我们略作端详,我们意识到任何情形下只要走得够远都会回到同一个群,为什么在我们抵达时不接受这一明显的结论呢?每件事物都完全如我们重行到达出发点一样,我们已经遭遇过一系列精确相似的现象,但出于某种任意的理由,遂决定仅有替代的现象才是真正相同的。要辨别所有它们并不困难,在那种情形下,"椭圆"空间代替了"球形"空间,但是何者为实际的真理呢？不考虑我把 A 与介绍给你们、好似它们不是相同的粒子这一事实,是因为那样回避了问题的实质。想象一下你们实际上在一个你们从未被告诉过的世界里进行这种冒险,你们是不能找到答案的。你们能想象这问题的意义吗？我是不能。答案上所显示的是我们是否将为 A 和 A′分别提供两个光环,抑或提供一个就足够了。

原子物理学现象的描述极其生动,我们看到原子带着在轨道上运行的电子,电子到处突进、碰撞和弹跳。从轨道脱离的自由电子以百倍速度围着原子急剧绕弯疾驰,从原子侧边滑过又从容不迫地逃逸。逃逸出的电子被捕获并停留在轨道上,逃逸能撼动以太使之振动,X 光撞击着原子并把电子抛向更高能级的轨道。我们看到这些电子又掉回原轨道,有时逐步掉回,有时急剧掉回,在亚稳态的死巷中被捕获,在"禁止通行"的标识前迟疑着。在这些现象背后,量子 h 用数学的精确性控制着每个变化,这就是唤起我们理解的图景的种类——并非像梦一样消退的不具实质的游行。

这种情景如此壮美,以致我们或许都忘记了曾几何时我们还希望了解一个电子是何物,这个问题始终未获答案,对电子难以编织熟识的概念,那是属于待解之谜。相似地,对过程的描述也必须再三斟酌。电子的轨道转移是描述一个原子状态的特定变化的传统方法,实际上并不能与宏观想象的空间中的运动相关。一些未知之物在做我们所不知道的事情——此即我们的理论所归结的东西。它不像是一个特别启发性的理论,我在别处也读过与之类似的东西——

The slithy toves, Did gyre and gimble in the wabe.

光滑如菱鲆,蜿蜒蠕动,缠绕如藤萝。

关于活动性有相同的建议,关于活动性的本质及什么在活动也存在同样的不确定性。然而从如此一个并不乐观的起点出发我们也确实到达了某个处所。我们理顺了众多明显不相关的现象,我们做出预言,而且我们的预言成功了。对这种进步的理由——唯一的理由,是我们的描述不限于未知的作用实施着未知的活动,而数字则自由地分散在这种描述之中。考虑在原子内运行的电子并不能给我们带来更多东西,但是,考虑一个原子内运行的 8 个电子以及在另一个原子内运行的 7 个电子,我们便开始意识到氧气和氮气的区别。在氧原子构造里有 8 个滑溜的电子旋转运行,在氮原子构造里有 7 个滑溜的电子旋转运行。如果容许少数几个数的话,甚至无意义的话语"$Jabbarwacky$"也会有科学意义。我们现在能够大胆给出一个预言:如果氧气的一个电子逃逸的话,它将乔装打扮成氮气的样子。在星球及星云中,我们实际上发现了足以令我们震惊的披着羊皮的狼。把物理学的根本实在物的本质未知性转变成无意义的话"$Jabbarwacky$",不见得对它是一个不好的提示。如果所有的数字——所有的计量属性不发生变化,那么它一点也无损害。从那些数字中演进着自然法则的和谐,科学的目的是去揭示这些自然法则。我们能够把握音调但把握不住演员,特林鸠罗①($Trinculo$)提到近代物理学时或许会用以下这句话:"这是我们捕捉到的音调,但没有看到演奏者的影子"。

---

① Trinculo,是莎士比亚话剧《暴风雨》(Tempest)中的人物。——译者注

第十四章
因果关系

在自由意志与宿命论的往昔的冲突中,时至今日看来,物理学都坚决地支持宿命论一边。它未对自然法则的范围提出过分的要求,其道义上的同情都表现在以下观点:无论未来会发生什么,它们都已在国王的结构中被预言了:

呀!造物主在第一个黎明所写下的是将要在计议中的最后一个黎明要读的东西。

我不会带着一个对把苏格兰割裂成宗教会议和茅屋阶层的问题的解决方案而轻率地闯进苏格兰,我假定像大多数其他人一样,我想包括了生命与意识的"自然"的广泛的体系能够完全被实现确实是难以想象的。然而,我又不能对任何法则或因果关系形成一种令人满意的非宿命论的概念,认为心灵不过记录了一系列口述的思想与感情这一假定,看起来与我们有关心灵神圣的感觉是相反的。但是,把心灵置于没有任何因果关系的先行之物的冲动之上,对于心灵的神圣而言也好像同样是相反的。我将不处理这一两难问题。在此,因为这个问题在物理科学的领域内发生了,在这件事上我不得不把物理科学的位置摆好。心灵确实进入了物理科学的领域,原因在于我们称作人类意志的东西不能完全与肌肉的运动以及物质世界的扰动割裂开来。在科学这一方面出现了一个新的局面,量子理论出现之后的一个结果是物理学不再是对宿命法则体系的一个抵押物,宿命论已经在理论物理学的最新表达中被剔除了,但它至少对它是否能够重新恢复置于疑问的境地。

上述一段话摘自我在爱丁堡讲演的原稿。其时,物理学的态度与宿命论毫不相干。如果存在基于现象的基础之上的严格的因果关系的法则体系,那么当前对它的探究便不是实际的政策,与此同时另一个想法也随之发生。在新理论里已经失却了因果关系基础的这一事实已广为人知,许多人对此深为遗憾并急迫地坚持应将其恢复。①

一年后我重写这一章时,我不得不在以往的漠不关心的态度上混杂了由于接受不确定性原理而引发的更确定的对宿命论的带有敌意的态度(见第十章新量子论中之不确定性原理一项)。没有时间对这个原理的深远的结果进行哪怕匆匆的验证。如果不是他们看来紧紧把握着其初期发展所导向的概念,我并不想将"停止按键"的概念包括进来。未来是把过去的因果影响与不能预知的各个要素组合为一体——不可预知不仅仅是因为获得预测数据不现实,而且是因为与我们的经验存在没有因果数据关联,因此有必要详细地为如此显著的观点的变化加以辩护。同时我们也会注意,科学由于它而撤销了对于自由意志的道义上的反对。坚持心理活动是宿命理论的人们也应如此,把它作为他们对心灵本身研究的结果而不应持有如下观点:即他们因此使之与我

---

① 在我的讲义课程结束数日后,爱因斯坦在纪念牛顿逝世200周年的文章中写道:"牛顿的微分法也只是在量子理论中不够用,严格的因果关系确实使得我们失败了。但是,最后的话还没说完。希望牛顿方法的精神,足以给予我们恢复物理学的实在与牛顿的教诲最为意义深远的特征之间的和合的力量——严格的因果关系。"

们关于无机自然的法则的实验知识更为符合。

因果关系与时间之矢

原因与结果与时间之矢紧密相关,原因必先于结果,时间的相对性并未泯灭这个顺序。"此处—现在"这一事件只能引发在绝对的未来圆锥内的各种事件,"此处—现在"事件则只能由绝对的过去圆锥内的事件所引发,它既不能为中立楔中的事件所引发,也不能引发中立楔中的事件——那是由于对该情形,必须的影响将不得不以高于光速的速度传递。但是说也奇怪,因果关系的这种根本观念与一个严格的因果体系很不一致。如果未来在我降生之前就已先被决定,我当如何才能在绝对的未来中引发一个事件?这一说法显然暗示着在"此处—现在"瞬间某种东西降生到了这个世界,它的影响遍及整个未来圆锥,但与绝对的过去圆锥不存在相应的联系,物理学的根本法则并未提供任何此类单向联系。在预定的世界状态里的任何改变都暗示着与其未来状态的改变对称的它的过去状态的改变。因此在对时间之矢一无所知的初等物理学里无以区别因果。但是,事件通过对称的因果关系相关联,从过去和未来看都相同。

初等物理学假定了一个严格的因果关系体系,但该因果关系是一个对称的关系而非因果的单向关系。中级物理学能够区别原因和结果,但是,其基础并未建立在一个因果体系上,因而它并不关心严格的因果关系是否占优。

信号箱内的杠杆被推动信号机就掉下来,我们能够指出连接杠杆位置和信号的约束关系,我们还发现杠杆和信号的运动是不同步的,并能计算出时间差。但力学法则并不把一个绝对的记号赋予这个时间差,只要涉及这个问题,我们更倾向于假定信号机的掉落导致杠杆的运动。要确定何者为因，我们便有了两种选择：我们能够求助于信号员，他相信他在心里做了决定推动杠杆，但这个准则仅在我们认可在两个可能的过程之间存在真正的决断且并非单纯对预定事物的心理活动下才有效。或者，我们能求助于中级物理学，它注意到这一事实，在信号机降下时比杠杆运动时在这个世界上存在更多的随机因素。但辅助法则的特征是它忽视了严格的因果关系，它自身并不关心何者必定发生，而是关心何者有可能发生，因此，在初等物理法则的封闭体系里，因果之间的区别毫无意义。为理解这一点，我们必须进入这个体系，将其不熟悉的意志力和概率的考虑引入该体系。这非常类似于 10 个消失的弯曲系数，这些系数只有在被世界所不熟悉的标准进入世界的封闭系统时才能被认识到。

为方便起见，我将把结果与原因的关系称为因果关系（Causation），而把与之对称的不区别原因和结果的关系称为因果性（Causality）。在初等物理学上，因果性完全代替了因果关系。整个世界的过去和未来通过因果性关系理想地连结到一个宿命论体系之中，一直到最近，普遍地都认为此类宿命论的体系必然存在（它可能会由于物理领域之外的超自然作用而延迟）。所以，我们可以把这个称为"传统"观点。当然了，我们也意识到我们仅仅熟悉这一因果体系结构的一部分，但理论物理学所确定的目标是发现全部结构。

一方面，在传统科学里因果性代替因果关系是很重要的。我们决不能让因果性借用实际上是属于因果关系的一个直觉的认可，我们可以设想，我们都有同一原因不能产生两种结果的直觉。但是我们也并不宣称存在任何同一结果不能从两种原因产生的直觉。出于这一理由，假设由因果性关系所加强的严格的宿命性不能说是直觉所坚持的。

一个传统的假设是物理现象最终依赖于完全宿命的法则的体系，对这个假设如此狂热的信仰的根据是什么？我想有两个理由——

(1)已经发现的"自然"基本法则显然是这种宿命论的典型,这些法则都实现了物理预测的巨大胜利。信赖过去很好地服务我们进步的方向是很自然的,确实,健康的态度是假定没有东西能够超越科学预测范围,直至确实达到了预测的界限。

(2)现今的科学认识论假设了这种类型的一个宿命论体系。有关修正涉及我们对待自然知识的态度的深刻变化,而不仅仅是简单地放弃一个不可靠的假设。

对第二点的解释,我们必须回想一下,物理世界的知识是由到达我们大脑的神经信息推断而来的,而现今的认识论则假设存在推理的宿命论体系(它如理想一样立在我们面前并逐步被揭示出来)。但是,正如所指出的,推理链条只简单地把物理因果关系链条加以转化,通过这种转化远隔的事件与神经信息建立了联系。若通过外部世界的这些信息的传送体系不是确定宿命的,则有关他们源头的推理体系就不是确定性(宿命)的,由此我们的认识论就建立在一个不可能的空想之上。对那种情形,我们对于自然知识的全部体系的态度必须进行深刻的修正。

这些理由将被详细考察,但我们在此可以方便地给出同等的答案摘要:

(1)最近一些物理学预言的最为伟大的胜利,已公认但并不基于因果性的统计法则实现。此外,迄今所接收为因果关系的重要法则表明在一些小的测验上具有统计特性。

(2)无论在原子现象的基础上是否存在一个因果体系,近代原子理论现今并未尝试找到这个体系。原子理论之所以取得快速的进步是因为它不再把这作为一个实际的目标,我们处于坚持并不与现今科学研究的实际目标相对应的自然知识的认识理论的地步。

事件的预言性

让我们来考察一个典型的科学预测成功的例子,科学预言1999年8月1日在康沃尔郡(Cornwall)能够观测到日全食。普遍认为这次日全食早已为太阳、地球及月球目前的状态所决定,至于日食是否会如期出现,我并不想引发不必要的不安。我预期它会发生,但我们得考察一下这种预期的根据。它是作为重力法则——我们在第七章所知道的一个自明之理的法则的结果而被预言的,人们并未贬抑该预言的价值,但确实暗示着当我们反对那些非自明之理的法则时,我们可能不会比这个神奇预言做得更多。我斗胆预言即使到了1999年二加二还是等于四,但是,如果这被证明为正确的,也无助于使任何人信服宇宙(或者,如果你们愿意,说成人类的心灵也成)受宿命法则的支配。我假定在最不稳定的(不规则的)控制的世界里,若不排除自明之理的话,能够预测某种事物。

但是我们不得不看到更深一层。重力法则在从宏观观点看时仅是一个自明之理,它预先假定了具有宏观物质或光学配置的空间和度量。它的精度不能提高超过这些宏观仪器的限度,因此,它是一个含有可能的——虽小但并非无限小的误差的自明之理。经典法则在涉及极其巨大的量子数时的限度内适应性良好,包含太阳、地球及月亮的系统具有极其巨大的状态数(见第九章末一项)。对其配置的可预言性一般并非自然现象的特性,而是涉及巨大数目作用的原子的特征——所考虑的不是个体行为而是平均行为。

众所周知人类的寿命是不确定的,没有什么东西比人寿保险公司的偿付能力更确定。平均法则是如此值得信赖,以至于认为如今所生的小孩半数可以生活到X岁这是预先就确定的,但那并不是告诉我们,青年A. MCB的寿命预期已记载在生死簿上,或者还有时间教导他不要在汽车前面跑动以改变其命运。1999年的日全食——如一家人寿保险公司的收支平衡(Balance)一样安全,而一个原子的下一次量子跃迁一如你们的和我的寿命一样不确定。

因此,我们就达到了对于未来的前定的主要争论给以答复的时候了,即观察表明"自然"的法则是一类导致未来的确定性预测的法则,从而预期那些有待发现的任何法则也将符合同样的类型是合理的。因为当我们问道已成功预测的现象的特征是什么时,答案是它们是依赖于巨大数目的单个个体的平均性质的结果。但是,因为平均是平均性质因而可以预测,勿论其背后现象的支配方式是什么。

考察这个世界里处于"状态"的一个孤立的原子,经典理论会提出并希望回答这个问题:"它接下来将做什么呢?"量子理论把这个问题换成了"它下面将做哪一件呢"的问题,因为量子理论认为原子只能具有更低的两个状态。进一步,量子理论并不会尝试去找到答案,而是满足于计算跃迁到"状态1"及"状态2"的各自的概率。量子物理学家并没有像经典物理学家所做的那样,用指导它的未来行为的种种小物件来充满原子,他用决定着其未来行为概率的小物件来充满原子,他研究下赌注的技艺而非培训师的技术。

因此,在新量子理论中所规划的世界的构造内,只要受偶然震荡影响的任何事物能够说成是预先确定的话,那么现在处于"状态3"里的500个原子之中能够预先设定大约400个将变为状态1、100个将变为状态2。这4∶1的概率在原子的图景中得到了合适的表现,此即4∶1这个符号代表的某种情形存在于所有500个原子中的每一个原子里,但是并不存在将属于100个原子群的原子与属于400个原子群的原子里区分开的标记。或许大多数物理学家会认为,虽然在原子的图景中并未表现出这种标记,但它们还是有可能存在于"自然"之中。它们属于时机适宜就会到来的理论的精密化。当然了,这些标记不必处于原子自身以内，它们可以位于与之交互作用的环境里。例如，我们可以把色子掷出，希望得到6的概率为4∶1，转出6的与那些没转成6的两类色子由于重心位置的偏移本质上都具有这个概率。某次特定的色子投掷的结果并未标记在色子之上，然而它确实是有所涉及的外部影响所决定的严格的因果关系（或者与在投色子的人的因素无关）。在这个阶段，我们自身的位置在于物理学未来的发展可能揭示出这种因果关系的标记（或在原子里面或在外部影响之中），也有可能揭示不出。迄今，无论何时，只要我们想着我们已经在自然现象中探察到了因果关系的标记，它们通常都被证实存疑。因此，我们倾向于认同或许到处都不存在因果关系标记的可能性。

但是，有人会说，在世界各处依然没有存在这种终极决定因子的迹象，一个原子却能够如此均衡地进行二选一过程是不可想象的。这是对直觉的一个求助，它可能受到另一个对直觉的求助的公平的反对。我有一个较之于与物理世界的物体相关联的其他任何直接强烈的一个直觉，它告诉我，世界上尚无何处存在我即将举起右手还是左手的决定因子的任何迹象，这取决于尚未进行或尚未预示的意志力的自由的行动，①我的直觉是未来能够把并未秘密藏匿在过去的决定因子呈现出来。

我们的立场是，支配物理世界微观要素（单个的原子、电子和量子）的法则并未对这些个体后续做什么给出明确的预测。在此我说到的法则是实际已经发现了的并按照传统量子理论和新量子理论做过调整的法则。这些法则指出了未来中的多种可能性，并阐述了各种可能性的概率。一般地，这种概率受到适度的平衡，并不会诱导出一个启示性的预言。但是，小概率的个体行为集聚起来就成为众多个体的适度选择

---

① 在答复一个求助直觉的争论时，假定这一直觉的可信性是公平的。如果我们独立地提起这个争论，那么这一假定便要仰赖于问题而定。

的统计性大概率行为,小心翼翼的预言家能够发现这种冒着失信风险——尽管并没冒重大的风险——的预言。迄今所有归于因果性的成功的预言都可在这儿找着踪迹。确实,对于个体的量子法则与因果性并非不能并存,只不过忽视了因果性。但是,如果我们利用这种漠视在世界构造的基础上重行引入宿命论,这是因为我们的哲学事前倾向于那种方式,而非我们知道它所支持的任何实验的证据。

为说明起见我们可以与宿命论的教义做一比较。神学教义,不管怎样地反对它,但到现在为止似乎依然与物质宇宙的宿命论和谐地交融。但是,如果我们求助于物理法则的新概念来通过类推方法来解决这个问题,那么答案为:微观的个体并未事先被确定为处于这两个状态中的一个,这两个状态或许在此足以区分成"状态1"和"状态2",能够认为最为确定的是其达到这两个状态的各自的概率。

新认识论展望

科学研究得不到事物内在性质的知识,"无论何时,只要我们采用物理量来表示一个物体的性质,即只是在传播对于其存在的各种计量示数的相应有关的知识,无他。"(参照第十二章指针读数中的物理知识的限度一节)但是,如果一个物体不依照严格的因果性行动,如果对指示器的相应存在不确定因素,我们似乎便斩断了这种知识的根基。如果物体被放置在称重机上时其读数并不能事先确定,所以物体没有确定的质量;也不会发现物体何时处于称重机上,所以它没有确定的速度;也不会知道物体所反射的光线能否汇聚到显微镜内,所以它没有确定的位置,如此等等,不一而足。回答说物体确实有一个我们所不清楚的确定的质量、速度、位置等是无用的,那种说法,如果有意义的话,意指是科学知识领域以外的事物的内在本质。我们不能从我们所知道的任何事物精密地推断这些性质,原因在于因果性的破坏打断了推导链条。因此,对于物体存在的示数的相应有关的知识并不存在,所以我们完全不能确定关于物体的知识。如此一来讨论物体有什么用处呢？作为所有这些(仍未确定的)指针读数的抽象概念的物体在物理世界里成为多余的了——旧的认识论在我们开始怀疑严格的因果性时,就把我们引到了这种两难的境地。

在宏观尺度现象里能够规避这种困难。一个物体可以没有确定的位置,但依然在很近的范围内具有非常可能的位置。当可能性巨大时,可能性代替确定性只会产生很小的差异,只会对世界附加上一层几可忽略不计的朦胧。尽管实际的变化并不重要,但还是有根本性的理论结果。所有的可能性都依赖于预置可能性的基础之上,如果不假定这一基础,我们不能说可能性大还是小。在同意接受我们计算出的可能性——这种可能性很大,实际上等同于旧理论体系中的确定性的情形下,我们把不能在旧体系里表示的一种符号结构添加到世界里——如同它把我们所采用的预置可能性的基础变成了世界构造的一种组成一样。

在现象的原子尺度上,概率通常都很好地保持着平衡,不容科学赌徒置喙其间。如果一个物体仍然被定义为一组指针读数(或者很可能的指针读数),那在原子尺度上就不存在物体了。我们能够抽取的所有东西是一组可能性,实际上,那恰是薛定谔试图刻画的原子图景——作为他的概率实在 ψ 的一个波心。

通常我们都不得不处理由无知所引发的可能性,如果有充分的知识,我们应撇清与可能性的关系,而代之以确切的事实。但是,在薛定谔理论中的一个基本点是他的可能性不能如此代替。在他的 ψ 函数足够集中时便指示电子所在的位置,在 ψ 函数发散时,它仅仅给出模糊的位置。但这种模糊的指示并非理想地应为准确的知识所代替的某种东西。ψ函数本身成为从原子放射出的光的源头，光的周期便是ψ的频率。我想这意味着，ψ的散布对由于信息缺乏而引发的不确实性而言并不是一个标志，它是因果性失灵——此即原子特性之一，部分的原子行为的间歇性的标志。

我们有两个主要的方法来研究原子内部，我们能够观察电子的出入，也能观察光的出入。波尔假定了通过严格的因果性法则与第一种现象相关联的结构，海森堡以及他的追随者对第二种现象开展相关的工作。如果这两个结构是相同的，那么原子将涉及一个完整的对这两类现象的完全的因果性关联，但很显然并不存在这种因果联系，所以我们不得不满足于将一个模型的实体表示为第二个模型中的可能性这种关联。或许这两个理论中有着与此不一致的细微之处，但是，它好像表达了其目的在于描述一个不完全的因果世界的法则的理想，即，一个现象的因果来源将代表另外一个现象的因果来源的可能性——薛定谔的理论至少提供了一个实际的世界是基于此项计划而被支配的强烈的暗示。

不确定性原理

到此，我们已经表明，现代物理已经偏离了未来是预先确定的假定，忽略它而非有意排斥它。随着不确定性原理（第十章新量子理论中不确定性原理一节）的发现，现代物理学态度的敌意就变得越来越确定了。

我们来考察我们以为能够预言未来的最简单的情形。假定我们在现在这一瞬间有一个位置和速度已知的粒子，假设没有任何干扰，我们可以预测随后时刻的位置（严格说来，无干扰应该是另一个预测的主题，但为使事情简单化，我们将做出让步），而恰恰是这种简单的预测是不确定性原理特意要禁止的。它阐明，在现在时刻我们不能同时准确地获知粒子的速度和位置。

乍看起来似乎存在一种矛盾，如果我们也不希望知道速度的话，我们可以无限地获知位置的准确性。很好，那么现在我们来进行高度准确的位置确定，稍后再来进行另外一个高度准确的位置的确定。把两个精确的位置相比较，我们可计算出准确的速度——用我们的手指拍一拍不确定性原理。这一速度对于预测毫无益处，因为在进行第二次准确确定位置时，我们已经非常粗糙地对待粒子，以致它不再具有我们所计算的速度。它是一个纯粹回溯性的速度，速度在现在时刻并不存在而在未来是完美的。它从未存在，将来也绝不存在，但总有它将已经存在的那一刻，在包括一个绝对的未来和一个绝对的过去而非一个绝对完美的未来的图 4 中并没有速度的位置。

如今我们归之于一个粒子的速度能够被视为它的未来位置的一个预期，说它是不可知的（除了某种程度的不精确以外）等同于说未来不可预测，即刻到达了未来，以致它不再是一个预测时，速度就变得可知了。

经典观点认为一个粒子必须具有确定的（但不必是可知的）的速度，如今总起来要把一片未知的未来装扮成现今的一个不可知因素。经典物理学搞了一个障眼法，用一个宿命体系蒙骗了我们，它把未知的未来偷带进现在，确信我们将不会追问未知的未来是否已经以此方式成为任何更可知的东西。

只要对精确度的要求不被大量平均所淹没，同样的原理对我们试图预测的每一种现象都适用。每个坐标都对应一个动量，根据不确定性原理，确定坐标越精确，则动量的确定便越不准确。因此，"自然"规定：世界一半的知识将确保对另一半的无知——这种无知，正如我们所看到的，在稍后对世界的同一个部分回溯考察时或可补救。我们绝不能满足于包含着太多不可知的世界的图景,我们已经试着去除不可知的事物,即除去那些与我们的经验毫无因果关系的概念。基于这个理由,我们已经把通过以太中的速度,"正确"空间体系等消除了。这个巨大的新的不可知因素也必须同样地从"现在"清扫出去。它的固有的场所在于未来,那时它将不再是不可知的,它已经过早地作为一个不能预想的事物的一个预想了。

要评价物理学家在外部世界中所散布的符号是否足以预先确定未来,我们必须警惕回溯性的符号,在事情发生以后再来预言很容易。

自然与超自然

在外部世界中抽除因果性的一个相当严重的后果是,那会导致我们的"自然"与"超自然"之间没有明确的区别。在早些的章节里,我把所创造的说明重力的拽力不可见的作用比之为魔鬼。承认这样一个作用的世界的观点,比起那些把在"自然"中发现的所有神秘都归于不可见的恶魔的野蛮人的见解更为科学吗?牛顿派物理学家有一个正当的辩护,他能够指出,重力这个恶魔被假定为依照固定的因果性法则而行动,因而与野蛮人的不可靠的恶魔不可同日而语。一旦承认了从严格的因果性发生了偏离,其间的区别便消失了。我假定野蛮人要承认:他的恶魔在某种程度上是一种习惯的产物,将可能对他未来做什么给出公平的猜想,但在某些时候他将表达他自己的意志,正是这种不完美的一致性正式地使他没有资格像他的重力兄弟一样被承认是一个物理实体。

这就是为何有如此多的对"我"烦扰的大部分原因,因为我有或我被说服我有"一个我自己的意志"。物理学家或者必须使他的因果体系置于来自于我的超自然的干预的同情之下,或者他必须解释清楚我的超自然的性质。出于自我防卫,唯物主义者支持后一个做法,他断定我不是超自然的——只不过很复杂。我们在另一方面已经得出在任何地方都不存在严格因果行为的结论,我们绝不能否认,在消除因果性标准的任务中我们却在打开通往野蛮人魔鬼的大门。它是一个严重的步骤,但我并不以为它意味着一切真正科学的终结。毕竟若他们试图进来,我们能够再次把他们扔出去,如同爱因斯坦把自称为重力的令人尊崇的因果恶魔扔出去一样。不再能够把某些观点作为非科学的迷信而玷污是一个困难,但是,依然允许我们(如果条件许可的话)把它们作为不好的科学而拒斥。

意志

从哲学的观点来看,考察这如何影响人类心灵和精神的自由是深感兴趣的事,物质宇宙的一种完全的宿命性不能脱离心灵的宿命性。以预测来年同一时期的天气情况为例,这种预测并不总是成为现实,但是"传统的"物理学家们仍然不相信它在理论上不可能,他们坚信,来年的天气早就预定好了。我们应该获得当前条件的极为详细的知识,因为一个微小的局部偏差都能施加深远的影响。我们必须考察太阳状态以便预测太阳发射到地球的热量和星际辐射的波动,我们也必须钻进地球深处以便对可能在大气层覆盖一层火山灰的火山的爆发提前预警,就像数年前对卡特迈火山所做的那样,但更要紧的是我们必须深入人类心灵深处。一次煤矿罢工,一次大战都可直接改变大气层的状况,漫无目的地扔出一根点着的火柴可能引发森林毁损而改变降雨和气候,除非宿命论控制着心灵自身,否则不能完全命定地控制无机世界。反之,如果我们意欲解放心灵,我们必须在某种程度上也要解放物质世界,对于这种解放看起来不再存在任何障碍。

让我们更细致地考察心灵如何把握物质原子以便身体和四肢的运动能够被意志所控制这个问题。我想如今我们可以深以为然意志是真实的,唯物主义的观点是看起来由我们的意志所引起的运动实际上是由大脑中的物质过程所控制的反射活动,意识的作用是一种实质上的与物理现象同步发生的伴随现象,但这假定把物理学法则应用于大脑的结果是十分确定的。若机械大脑的行为不确定,说意识大脑的行为准确地与机械大脑的行为相同是毫无意义的。若物理法则不具有严格因果性,至多可以说意识大脑的行为是一个机械大脑可能行为的一种。的确如此。在可能的行为中做决定的是我们称为意志的东西。

或许你们会说:"当一个原子对可能的量子跃迁做出决定时,那也是"意志"吗?恐怕不是,二者的类比天差地别。我们的立场是:对于大脑和原子二者而言,在指针读数的物理世界里无以预先做这个决定,决定是具有未来结果但并不与过去有因果关联的物理世界的事实。对大脑而言,我们能够洞察指针读数后面的精神世界;在精神世界里我们得到一个新的关于决定的事实的图景,它必须用于揭示它的真正本质——若真正本质一词有任何意义的话。对原子而言,我们不具有这种对指针读数背后意义的洞察力。我们相信,在所有指针读数背后存在与大脑背景相连续的一个背景,但是,没有更多的根据将这种自发行为称为原子"意志",不如将原子因果性行为的背景称为"理性"。应当理解,我们并未试图把已被指针读数所禁绝的严格的因果性重行引入这个背景,在我们有任何洞察——大脑背景的情形下,我们没有意愿放弃心灵和意志的自由。相似地,我们并未暗示在指针读数里不能发现的原子之预先确定的标识,能存在于未知的背景中而不被探知。对于是否我要承认原子决定的原因某些方面与大脑决定的原因有共通之处这个问题,我只需简单地答复没有原因。对于大脑而言,我对它的决定有更为深刻的洞察,这种洞察显示为意志,即因果性之外的某种东西。

右转或左转的心灵决定启动了沿神经传导到双脚的两种脉冲选择，在大脑的一些中枢部位，物理世界的特定原子或元素的行为过程直接由意识决定所确定——或者，也可以说，该行为的科学描述是决定的测度方面。尽管艰难但仍有可能假设，少量原子（或可能仅有一个原子）与意识决定具有这种直接接触，这些少量原子作为把物质世界从一个过程变换为另一种过程的开关，但这在物理上是不可能的，即每个原子在大脑中都有如此精确的分工，以致对原子行为的控制将显著超过其他原子的所有可能的无规性。如果我已经总体正确地理解了我自身心灵的过程，不会对单个原子吹毛求疵。

我并不认为，我们的决定会在特定的关键原子之间达成精密的平衡。我们能说在爱因斯坦的大脑挑出一个原子，如果这个原子曾经有过错误的量子跃迁，那么在相对论上就会出现与之相应的瑕疵吗？在考虑到温度和不规则的碰撞的物理影响后，不可能认同这一点。看来我们必须对心灵赋予力量，不仅决定单个原子的行为，还系统影响大群原子——实际上是干预原子行为的概率，这一点始终是心灵与物质互相作用的理论中最存疑的地方。

与统计法则的矛盾

心灵是否具有对适用于无机物质的统计法则置之不理的能力？除非这一点得到承认，否则冲突的机会看来受到太大限制而不能产生观测到的来自心灵决定的结果，但是，这种承认涉及无机和有机物质（或者总而言之的意识）之间与生俱来的物理差异。我倾向于避免这一假说，但必须坦诚地面对这个问题。现代量子论所认识到的不确定性，不过是走向使我们的作用从宿命论控制中解放出来的一小步。打个比方——我们已经承认可能占用或节约人类生命的一种不确定性，但迄今我们仍未找到可能与其的不确定性。理论上,一种不确定性可能导致另一种不确定性,如同萨拉热窝(Sarajevo)屠杀中数百万人的命运所显示的那样。但是有关心灵通过大脑中的两个或三个关键原子运行的假说,对我们而言是太过绝望的逃逸之法,基于前述的理由,我摒弃了这个假说。

让心灵引导一个原子在两个对无机原子均不可能的过程中选择是一回事;让心灵引导一群原子进入辅助物理法则视为"非常不可能"而弃之不理的构造中又是另一回事。在此,不可能性意指各自独立作用的大量实体串通一起产生的结果,这类似于所有原子偶然发现他们自身同处容器的一半的不可能性。我们必须假定,在直接受到心灵决定影响的大脑的物理部分中,存在某种在无机物质不存在的原子行为的相互依赖。

我不希望降低承认活体物质和无生命物质之间的差异的严重性,但是我想这种困难如果未消除的话也已有所缓解。把原子的结构照原样放起而考虑它的不确定性行为的干扰,这似乎并不像所提到的其他心灵干预模式一样对自然法则构成巨大的干扰(或许那仅仅是因为我们并未充分理解这种可能性以实现我们可憎的想法的原因)。除非谎报姓名,可能性能够用普通的物理实在不能认可的方式来修正。并不存在依附于任何事件或行为的独一无二的可能性,我们只能提到"记及特定的给定信息范围内的可能性",而这种可能性依照信息的程度而变化。我想,新量子理论在目前阶段最令人不满的一个特征在于,它看来几乎意识不到这一事实,而是让我们在信息基础上来揣测其概率定理假定所指为何物。

从另一方面观之——若个人意识的联合并非一个幻影,那么在指针读数背后的心灵材料的关系中必然存在某种对应的联合。如第十一章一样来应用我们的关系构造的测度,我们将构建同样地服从根本法则的物质和力场。所构造的原子个体上与背景中不具有这种联合的原子没有任何不同,但令人讶异的是,在我们考虑那些原子的集体行为时将不得不考虑心灵材料中这种更为广泛的联合倾向,也不指望统计结果与那些适于杂乱无章的起源的结构数据相符。

  我想如果公平地面对这个问题的话,即便唯物主义者也必定获得与我们不同的结论。在物理世界里他将需要一些事物来表示与个体意识关联的原子的符号联合——这种联合对不具有这类关联的原子并不存在,它基于随机断裂假说自然地颠覆了物理预测。因为他不仅把各种各样的思想和心灵图像转变为物质的构造,而且还必须确保不会忽略找到本我的某种物理替代品。

第十五章

科学与神秘主义

有一天我的思绪偶然被"风起浪生"的问题所占据,我取下关于流体力学的标准论文,在标题处我读到——

前述的公式(12)和(13)使我们能够考察一个饶有兴味的相关的问题,即通过向表面施加适宜的力反抗黏性来产生并维持波的问题。

若对外力 $p'yy, p'xy$ 乘以 e^{ikx+at},k 与 a 预先给定,所讨论的公式确定 A 和 C,其后通过公式(9)确定 η 的值,由此我们发现

$$\frac{p'_{yy}}{g\rho\eta} = \frac{(\alpha^2+2vk^2\alpha+\sigma^2)A-i(\sigma^2+2vkm\alpha)C}{gk(A-iC)},$$

$$\frac{p'_{xy}}{g\rho\eta} = \frac{\alpha}{gk} \cdot \frac{2ivk^2A+(\alpha+2vk^2)C}{(A-iC)}$$

此处,σ^2 同前一样代替了 $gk+T'k^3$……

以此类推阅读下面两页,最后,我们弄清楚了:风速低于每小时半英里,水面将不会受影响;风速达到每小时一英里,水面将会覆上由于毛细波所产生的微小波纹,这些小波在扰动作用停止后立即消失;风速

达到每小时两英里将出现重力波。正如著者谦虚地给出的结论:"我们的理论研究给出了波浪形成起始阶段的显著的洞察。"

在另外一个场合下,同样的"风起浪生"问题萦绕在我的心头,但这一次另一本书要更相宜,读来如下——

终日在变幻多端的天色映衬下,

善变的风吹拂着水面致其欢笑。

片刻过后,故作姿态的霜,

把在四处可爱的跳跃徜徉的波浪挽留。

夜色下,他留下了一道白色的不绝的荣光,一道聚结的光辉,一个阔大、闪亮的和平。

这种魔力词语唤回了当初的景致,我们又一次感受到"自然"贴近我们,与我们融为一体,直至我们充满了日光映照下跳动着的水波的欢乐,或是充满了冰冻的湖面上冷月的敬畏。这些还不到我们情绪低落的时候,我们并不回顾这些瞬间而说出,"让一个具有六个正确的感觉,一个科学理解的人自身受到那样的欺骗是不光彩的,下一次我要提到兰姆(Lamb)的流体力学"。对我们而言这一刻是很美好的。如果我们在周围的世界不能感受到超越那些能够用物理学家的器具测定重量和长度或者用数学家的计量符号来描述的事物之上的意义,那么人生就受到阻碍而很狭隘了。

当然了,这是一个幻影。我们能够轻易地揭穿施于我们的相当粗鄙的诡计,不通过波长的以太的振动,受到空气与水之间扰动的界面以不同角度的反射并到达我们的眼睛,再经由光电作用产生适当的刺激并沿着视神经传导到大脑中枢,在大脑中枢里心灵开始工作,从神经刺激里编织成一个印象。传导进来的材料有些贫乏,但是,心灵是一个巨大的关联仓库,能够用于蔽体,在织就了一种印象后,心灵便检查它自己所创造的一切并判断做得非常好,批评的能力被催眠了。我们停顿下来进行分析,只能意识到作为一个整体的印象,空气和暖、青草芬芳、微风轻拂,与一个超验的印象中可见的景致在我们的周围及在我们内部相结合,从它们的仓库中出现的关联变得大胆起来。或许我们回想起"波光潋滟晴方好"这个短语。波光——潋滟——晴——好,这些念头互相推挤。我们的喜悦完全不合逻辑,尽管在以太的一组振动中可能存在喜悦,但没人能够合理地给以解释。安静欢乐的气氛弥漫了整个印象,我们自身的喜悦就在"自然"之中,在波之中,在任何地方,那就是它的样子。

它是一个幻影,那为何轻慢它这么久?在我们没有严格地保持心灵的秩序时,心灵向外部世界投影的这些空想对那些最热切的真理追寻者而言应该并不关切。回到事物的一致的实质,回到在服从流体力学法则的风的压力与重力作用下运动的水的实质。但是,事物的一致的实质是另外一个幻影,它也是心灵向外部世界投影得一个幻想。我们从连续的液体到原子、从原子到电子追寻事物的一致的实质,但到电子这里我们失去了这种实质。但是至少可以说,我们在追寻的尽头已经获得了某些实在的东西——质子和电子。或者,是否新量子理论会由于这些形象太过具体而加以非难,而根本没给我们留下连贯的形象。至少我们获得了符号坐标、动量和汉密尔顿函数,并将它们专注于确保 $qp-pq=ih/2\pi$。

我们已经在前面的章节中试图表明,通过遵循这个过程,我们获得了一个循环体系。究其本质,这个体系只能是我们环境的一部分表现,它不是实在而是实在的骨架,"现实性"已经迷失于追寻的迫切性之中了。最初我们把心灵作为一个幻影制造者而排除了,但在最终我们还是复归于心灵并说道:"这里是基于比你们想象的幻影更稳固的基础上构建的完善而真实的世界,但是不必把它们中的任何一个变成一个现实的世界。请你们选中一个并把你们幻想的形象编织到其中,只有那样才能使它成为现实。"我们已经撕下了心灵想象以获得其下的实在，只不过发现隐于其下的实在受限于它唤醒这些想象的潜力。这是因为幻影编织者的心灵也是实在的唯一担保者，以致常常在幻影的基础上追寻实在。幻影之于实在，一如烟之于火，我不主张"无火不成烟"的古老的谎言。但是，对在人的神秘幻影中是否不存在有关一个基本的实在的反映提出质询倒是合理的。

提出一个平淡无奇的问题——为何经历一个我所描述的自我欺骗的状态于我们而言是有益的？我想每个人都承认，具有一个对"自然"的影响敏感的精神是有益的，训练适当的想象力并且不以数学物理学家的方式无情地剖析我们的环境是有益的。那不仅在一种功利的意义上是有益的，而且在对满足我们被给予的生命所必需的某些目的性意义上也是有益的。它不是一剂可时不时服用的权宜之药，以致我们可以在科学研究中，带着更好的精力返回对心灵的更合法的使用。恰有可能，它或许能以某种微弱的措施提供给非数学的心灵以外部世界的快乐，这个基础是要维护的。外部世界的快乐可更为充分地通过与微分方程式的亲密性而提供〔为避免有人认为我意欲对流体力学施以束缚，在这一点上我急于说明我并不把智力（科学）鉴赏的地位置于比神秘性鉴赏低的一个水平上；我知道表示为数学符号的通道，其壮美足以媲美鲁伯特·布鲁克（Rupert Brooke）的十四行诗，但是，我想你们会同意，容许前述的一种鉴赏完全地占据着另一种鉴赏的地位是不可能的。如此一来，如果在其中除了自我欺骗而外一无所有，又如何认为是有益的？那将是我们所有关于伦理学的观念的一个剧变。在我看来，唯一的替代方法在于，或者认为这些对"自然"的神秘接触的屈服是有害的和伦理上错误的，或者承认在这些气氛中我们捕捉到了世界与我们自身的真正关系的某些方面——一个在对其内容纯粹的科学分析中不曾暗示的关系。我想，最激进的唯物主义者也不提倡或者无论如何也不会实行第一种做法。所以,我采用第二种方法,即在幻影的基础上有某种真理存在。

但是,我们必须暂停下来考虑幻影的范围。它是深埋于幻影之山下的一小块实在的问题吗?果真如此的话,我们就有责任至少从我们心中摒除一些幻影,并尝试了解更为单纯的真理形式。但我想我们不会对如此打动我们的自然景致的鉴赏错过太多,我不觉得比我们自身更有天分的物种会把我们感觉的许多东西删除。由于我们对它的回溯考察使之披上了想象力的外衣,感觉本身并无多少过错。如果我们试图把在神秘的经验中所揭示的本质的真理转变为语言,我们的心灵便不会脱离世界,我们的悲喜的感情以及我们更深层次的感情并不是只属于我们自身,而是超越我们的特别意识的狭隘界限的实在的隐隐感觉——即"自然"面貌的和谐与美观在根本上与使人的面貌美化的喜悦相同。当我们说到物理学的实在只是指针读数的一种抽象,而读数下面是与我们自身相连续的一个性质时,我们试图更多地表达相同的真理。但是,我并不愿把它表示成语言,或使之受制于内省。我们已经看到,当我们设想如同本质上所必需的从内部而不是相反来考察时,在物理学的世界里意义是如何发生巨大变化的。通过自省,我们获得了对于外部调查的真理。但是,在神秘的感觉中,真理是从内部得以理解的,所以如它该当,它是我们自身的一部分。

符号知识与直接知识

我可以推敲对内省的反对吗?我们具有两种知识,我称之为符号知识和直接知识。我不知道推理法仅能适用于符号知识是否正确,但是推理法的更普通的形式已经唯一地为符号知识所发展了。直接知识不会服从于符号化和分析,或者毋宁说,当我们试图分析时,世界性就丧失了并被符号所代替。

以幽默为例来说明这个问题。假定幽默在某种程度上能够被分析，它是不同智能分类的不同类型的本质成分。假定我们听到一个流传的笑话，我们对其进行科学分析如同分析疑虑自然的化学食盐。或许在经过对其所有方面的仔细的考察之后，我们能够确信，它实际上、确实是一个笑话。逻辑上，我假定下一个步骤将是发笑，但是，确实可以预测，作为这一仔细考察的结果，我们已经失去了我们曾经可能具有的闻之大笑的意愿了。它只不过并未揭示笑话的内部作用。智能分类关注的是幽默的符号知识，它保持了一个笑话的所有特征，但其可笑性除外。对幽默的真正的鉴赏必须自发产生而非自省产生，我想这对于我们对"自然"的神秘的感觉是个不公平的类比，而我甚至将冒险把它适用于我们关于神的神秘经验。对有些人而言，感觉神的存在照耀着灵魂是经验的最为明显的事物之一。以他们的观点，没有这种感觉的人就像我们认为一个人没有幽默感一样。感觉的缺乏是一种心灵的缺陷，我们可以尝试如同分析幽默感一样分析分析经验，并构建一种神学理论，或者构建一个无神论的哲学，把关于它的推断形成科学的形式。但是不要忘记神学是符号知识而经验是直接知识，正如一个笑话的构造的科学说明不能强迫人发笑一样，对"神"（或者一种非人的替代品）的属性的哲学讨论，同样地也会丢失作为宗教经验的中心点的精神的直接响应。

神秘主义之辩护

对神秘主义的辩护与此有些类似，我们已经承认，物理实体究其真实本质只能形成实在的一些方面。我们如何处理其他部分呢？不能说其他部分不像物理实在与我们的关系那样密切，感觉、目的、价值，差不多还有感觉印象构成我们的意识。我们遵循着感觉印象,发现它们进入了科学所讨论的外部世界。我们遵循着我们存在的其他要素,发现它们不是进入空间和时间的世界,而确确实实进入其他地方。如果你们持有全部意识是反映在大脑中电子的跃动,因而每一种情感都是这种跃动的一个单独的形象这一观点,那么所有的意识特点同样进入物理学的外部世界。但是我假定你们已经跟随着我反对这个观点,而且你们赞同意识作为整体比之类似的测度方面要更伟大,这些测度经过抽象形成物理的大脑。于是我们不得不处理对测度规定清晰的我们存在的那些部分,它们不发生接触而如同所做的一样遁于外而进入空间和时间。通过对它们的处理,我的意思并不是对它们发起科学调查。第一步是把被公认的状态给予心灵在其中估量它们的粗糙的概念,这种状态类似于构成日常的物质世界的那些粗糙概念的状态。

我们对熟悉的桌子的概念是一个幻影,但是,如果有些预言的声音警告我们说这是一个幻影,所以我们不必自找麻烦去深入研究,那么我们就永远不会发现科学的桌子。要获得桌子的实在性,我们须得赋予感觉器官以编织有关它的影像和幻影。因此,于我而言,对于人的广泛启示的第一步是必须唤醒与他的本质的更高能力相关联的影像构造,因此,这些绝不再是一些盲巷,而是向一个精神世界的开放——毋庸讳言,它部分地是幻影的世界,但他生活于其中却也无异于生活在为感觉所揭示的同为幻影的世界里。

神秘主义者如果被强拽到科学家的法庭面前,他或许可以在这一点上终止辩护。他会提出:"日常概念的熟悉的物质世界,尽管在科学真理上有所欠缺,但在其中生活倒也足够好;事实上,指针读数的科学世界应该是一类不能栖息的地方。这是一个符号世界,唯一能够安居其中的东西就是符号。但是我不是一个符号,我是由心理活动组成的。依照你们的观点看,心理活动是一个幻影的老巢,所以,为了与我自身的本质相一致,甚至我都不得不使我的感觉所探究的世界变形。但我并不仅由感觉构成,我的本质的其余部分也必须生长壮大,我不得不对在其中发现其出口的那个环境给予说明。我的精神环境的概念不是与你们的指针读数的科学世界进行比较,它是一个与日常经验的物质世界相比较的日常世界。我明言它既不会更真也不会更不真,根本上,它不是一个用于分析的世界,而是一个用于居住的世界。"

假定这一席话把我们带到了准确知识的范围以外,而且难于想象相应于准确科学的任何事物都能适用于我们环境的这一部分,神秘主义者毫无悔意。因为我们不能对我们的环境给以准确说明,不能得到这样的结论,即假装我们居住在真空要更好。

如若这种辩护可以看作是对敌方第一波攻击有效,或许第二阶段攻击将更容易承受:"很好,让它遂着自己的意吧。它是一种无害信仰——并不是更教条的神学。你想为那些有时让人鬼迷心窍的人的本性中奇怪的秉性要一块精神地盘然后跑动开始游戏,但是不要烦扰那些确保世界正常运行的严肃的人。"这种挑战如今不是来自专长于探寻精神力量的自然解释的科学唯物主义者,而是来自蔑视它的可怕的道德唯物主义者。很少有人蓄意主张,进步的力量只与我们环境的物质方面相关联这种哲学,但也鲜有人能够主张他们没有或多或少地受到它的影响。我们不必搅扰"实际的人"——这些忙碌的历史塑造者携带着我们以前所未有的步伐朝着作为养育着地球的人类蚁堆的宿命进发。但是在历史上物质力量是否确实已成为最有力的因素?尽可把它称为"神",称为"恶魔",盲从或者缺乏理性等等,但是切勿低估神秘主义的力量。神秘主义者可以被当作谬误攻击,也可以被当作灵感而信仰,但是都不关乎宽松的容忍——

我们是音乐的创作者,

我们是梦境的亲历者,

绕着孤独的海浪彷徨，

依着世外的水流小憩；

我们是世界的迷失者而被抛弃，

苍白的月光映照着我们，

但是看来——

我们将是世界的永恒的原动力和影响者。

实在与神秘主义者

  但是，在科学家面前所做的辩护可能不是对于我们自身的自我疑问的一个辩护，我们受到实在这个词的困扰。我早已尝试着处理由于实在的意义所引发的问题，但是这个问题极其固执地压迫着我们，因此即便有重复的风险，我也必须再度从宗教的立场来考察它。幻影与实在的妥协在我们对于物理环境的态度而言可能是非常好了，但是，容许这种妥协进入宗教领域显得把神圣的事物看成一个儿戏。实在对宗教信仰的关切远超任何其他东西，没有人会为幽默背后是否存在实在而劳神。试图在画作中展现灵魂的画家实际上并不在意是否以及以何种方式才能说灵魂存在，即便物理学家也并不关注原子或电子实际是否存在。他常常声称它们存在，但是，如我们已知道的，他所谓的存在是用作一个内部用语，并未探问它是否是比一个习惯用语更佳。在大多数主题内（或许哲学也不例外），看来足以对我们称之为实在的事物给以认同，并在随后试图发现我们用这个词所表达的含义。由此，事情就变成了宗教似乎成了探究的一个领域，其中实在与存在的问题被视为严肃的和极其重要的。

  但是很难看出这类探究是否有益，当约翰逊（*Johnson*）博士在对"伯克莱（*Berkeley*）大主教关于证明物质的非存在与宇宙中的一切事物不过是想象的巧妙的诡辩"的争论自感厌倦时,他答复道:"脚用力地踢一块巨石,直到他从大石弹回时——'我就这么驳斥它'。"作用使他确认的是何物并不非常明显,但他显然发现那是种慰藉。如今,实事求是的科学家感受到相同的冲动从这些思想的飞翔回归到可触及的事物,尽管他应当了解,到如今拉瑟福德($Rutherford$)曾经留给我们的大石基本不值一提。

依然有着把"实在"一词作为魔术般的慰藉的字眼使用,如像使用神圣的美索不达米亚一词一样的倾向。如果我确定灵魂或神的实在,我必定不会有意与约翰孙的大石——一个显著的幻影相比较,或者甚至与量子理论中的 p 和 q——一个抽象的符号——相比较,因此,我无权在宗教中以宗教的名义将这个词用于如下目的:假借(可能错误的)与巨石和量子的坐标相关联的怡情之觉。

科学的本能警示我,任何回答"何为实在"这个问题的尝试在比用于科学上的内部目的更为广泛的意义上而言,更易于导致在苍白的字句和高调陈词之间的蹉踏。我们所有人都知道存在是不受物理世界束缚的人类精神之所,在环绕我们的创造的神秘意义上,在艺术的表现上,在对神的憧憬上,灵魂成长起来并发现植根于其本性中的某种成就感。对于这种发展的许可位于我们内部,它是伴随我们的意识而生的努力或者从一个比我们更强大的力量所发出的"内在的光辉"。科学几乎不能质疑这种许可,因为科学的追求是从心灵被迫追随的努力中产生,即从一个不受抑制的质疑产生的。是否在科学的知性的追究之中,或在精神的神秘追究之中,光芒闪耀于前,这个目的显现在我们本性的反应中。我们能不那样做吗?确实有必要拉着慰藉性的词"实在"使其如拍在后背的一拍那样吗?

科学世界的问题是一个更广泛问题——即一切经验的问题的一部分。经验可以视为自身与环境的一种结合,它是解决这两方面交互作用成分的问题的一部分,生命、宗教、知识、真理等完全包括在这个问题里面,有些方面与我们自身的发现相关,有些方面与来自我们所面对的经验环境发现相关,我们所有人在我们的一生中都必须为这个问题的解决做点什么。我们不得不解决这个问题的一个重要条件是我们自身是这个问题的一部分,来看其发端,最初的事实是我们自身以内推促我们启动这个问题的目的的感觉,我们意指用我们的生命来完成某些事情。我们具备所禀赋的能力,或者应该获得的能力,或者必须在这个问题的解决中发现一个状态和一个出路。我们应以这种方式坚持把真理塑造为我们自身的性质可能显得有些自大。但是,我们宁愿真理问题只能从我们本性中对真理的追求中喷薄而出。

彩虹用物理学符号可描述为波长约 $0.000040cm$ 到 $0.0000072cm$ 之间的依序排列的以太振动的旋律。有一种观点认为,只要我们赞赏绚丽的色彩之虹时,我们其实是在搪塞真理,所以我们应尽力简化心灵达到这样一种状态,即我们从彩虹所接收的印象与从波长表接收的印象相同。但是,尽管那是彩虹把它自身在非人为的光谱里的反映,如果我们压制了我们与光谱仪差异的因素,那我们并未给出经验——本问题的出发点的全部真相及意义。我们不能说作为世界一部分的彩虹,意在传递色彩的生动效果;但我们或许可以说作为世界一部分的人类的心灵,却意在接收色彩的生动效果。

意义与价值

在我们想到与欢笑一同运动的粼粼波光时,显然对不存在的景象赋予了一个意义。水的物理元素——疾驰的电荷,其乐于传递它们喜悦的印象并无任何过错,同样地,它们乐于传递波浪的实质、色彩或几何学形状的印象也无任何过错。如果他们能够坚持完全乐意于满足特定的微分方程——那是因为它们是偏爱微分方程的数学家的作品。不比景象的神秘意义少的物理学并不存在于彼处,而是在"此处"——在心灵中。

我们对世界的理解必须大部分依赖于我们碰巧拥有的感觉器官,自从人类开始依赖于他的眼睛而非他的鼻子时,这个世界势必已经发生了惊人的变化。你独自立于山巅被巨大的寂静所包围,但给自己配用一件人工电子感觉器官,瞧! 以太令人惊骇地发出萨伊夫乐队的奏鸣声。或者这样来形容——

小小岛屿,喧闹纷繁。众音齐发,空气馥郁。予人欢乐,无所害矣。

此时千百件乐器鸣响不绝,彼时又来了其他声音。

只要涉及广泛的特性,我们就会在自然界看到我们寻求的或利用设备来寻求的,当然了,我并不是说我们能够安排景致的细节,而是通过我们价值的光影能够唤起将具有我们推崇的性质的事物。在这一点上,基于永久性的价值创造了明显物质性的世界;在这一点上,或许内在的上帝遇到了自然界的上帝。但是只要我们把我们的意识与意识为其中一部分的世界隔离开来,就将得不到完全的认识。我们只能猜测性地体现我们所称为"指针读数的背景"的事物,但它至少看起来,如果给予世界光影的价值是绝对的,他们必定属于这个背景这个说法貌似合理。这一点并未被物理学所认识,因为他们并未表现在指针读数内而是被植根于这一背景的意识所认识。我并未怀想把这一点上升为一个理论,而只是要强调一下,受限于我们对物理世界的知识以及与隔离意识内的背景接触的点,我们并不能很确定对一个理论为本质性的一个整体联合的想法。一般假设人类的本性已被自然选择操作专业化到相当的程度,而且是否如今已显然成为根本性的持久性价值和其他计划是意识的本质属性或已经通过与外部世界的交互作用而进化可能饱受诟病。对此情形,心灵所给予外部世界的价值起初来自于外部世界的材料。我想,这种价值的复返对于我们有关指针读数背后的世界材料本质上,是与心灵连续的观点并不陌生。

以实际眼光看世界,对于普通人的意识而言,价值可视为是标准的。但是在这种价值评判中任意性上的明显的可能性把我们置于寻求一种视为最终和绝对的标准。我们有两种选择:其一是不存在绝对价值,因为我们意识之中内向监测的许可是求助最终的家园,超出之后其将懒散不可问询。其二存在绝对价值,此后我们只能乐观地信任我们的价值是绝对价值的一些苍白的反映,或者我们洞察了绝对的心灵,从中得到那些奋进和我们通常不敢质疑的许可。

我很自然地试图使这些讲座中所表达的内容尽可能一致,但我并不太关心若在怀疑的苛责下它会变得不完美。一致性跟随着最终性,令人焦虑的问题是我们的讨论是否正确地开始而非他们是否有幸能到达终点。对我而言,值得哲学考虑的要点可总结如下:

(1)物理实在的符号本性已被普遍承认,物理体系目前已经形式化为使之能够自证,即它是更广泛的事物的部分侧影。

(2)在物质世界里已经放弃了严格的因果性,我们有关支配法则的观点处于重构阶段,不能预测他们最终会成为何种形式,但所有指示都表明严格的因果性已经永久地被抛弃了,这就减轻了先前的假设心灵受制于宿命论法则,或选择性地能够在物质世界里迟滞宿命论法则的必要性。

(3)意识到物理世界是完全抽象的且它与意识的连接中未分离出现实性,我们把意识回复到根本性的地位,而不是将其表现为一种进化历史后期,在无机自然里偶尔发现的本质的复杂性。

(4)对于将真实的物理世界与我们意识到的特定感觉相关联的认可,看起来与将精神领域与我们人性的另外一面相关联的认可,并没有任何本质上的不同。

这并未提出在这种哲学里有什么新意,特别地,第一点的实质已为众多作者极力主张,也毫无疑问地在最近的物理理论革命之前已赢得了许多科学家的认可。但在这种不仅可能给出智力认可的哲学教义,而且成为今日的科学态度的一部分,并在先进物理体系中详细描述的话,这在某种程度上对这件事构成了别样的复杂性。

确信

尽管在第十四章里,你们和我一道认识了知识的科学方法表达,当它们自然地从当今的科学结论中产生时,我已给出了哲学反映,希望没有出于理论的目的而曲解了它们。在本章里,立足点不再是科学优先,我将从不在科学考察范围内的我们经验的部分出发,或者至少物理科学的方法会错失我们认为本质上赋予其的意义。在神秘宗教里的信仰的出发点是对意义的确信,或我早些时候所称之为对意识中奋斗的认可。这一点必须强调,因为这种对本能确信地求助,已成为所有时代宗教的基础,我不希望造成我们如今已经发现某些新的更为科学的替代物的印象,我重申从物理科学数据或通过物理科学方法证明显著的宗教信仰这个观点。预先假定神秘宗教不仅给予科学而且(或对或错)基于被认为是根本性的自知的经验,我们能够进而讨论不同的非难,即科学可能导致对宗教的反对,或可能的对同样产生于自知数据的经验本质与科学观点的冲突。

有必要进一步考察宗教所引发的信任的本质,否则我们看来是在支持推理的盲目排斥将其视为对真理的指南。我们必须承认,在推理中有一个漏洞,但它却基本上不被认为是对推理的排斥。如果我们往回退的足够远,那么在有关物理世界的推理中确实存在同样的漏洞。我们只能从数据进行推理,而最终的数据必须通过非推理过程——一种存在于我们意识之内的自知知识给予我们。我们必须觉察某些事物才能开始这个过程。但那还不够,我们必须确知那种觉察的意义所在。我们不得不宣称人类的本质——或者其本身或者受到来世的力量的启示,有可能提出有意义的合法的裁决,否则,我们甚至不能达到一个物理的世界。①

鉴此,我们所设想的确信如下:意识里特定的觉察状态至少具有被称为知觉的相等的意义。或许注意到,时间通过两次进入我们心灵在一定程度上填补了感觉—印象和其他觉察状态之间的空隙,在后者之中必定能够发现精神宗教引发的经验的基础。确信几乎不会是一种能够争论的物质,它依赖于对觉察的感觉的力度。

但是可能有人会说,尽管我们可能已具有这种意识的知识范围,难道没有整体错过了认为我们在经历着的事物的本质?于我而言,那相当地偏离了要点。有关我们对于物理世界的经验,我们确实大大误会了我们感觉的意思。发现事物与他们看上去完全不同已成为科学的任务,但我们不能移开眼睛,因为它们持续用想象中的色彩迷惑着我们而非给予我们有关波长的朴素的事实。我们不得不生活在这种错误表达的环境(若你必须这么叫它们的话)之中,但它是一个更片面的真理的观点,它在我们周围环境的灿烂光辉中除了错误表现之外不能发现任何东西——这使得环境变得极其重要,以及意识的精神成为非实质的。在科学部分的章节中,我们已经看到心灵如何被视为世界建造过程的描述;若心灵不存在,除了无形的混乱之外将一无所有。只要物理科学范围在扩大,它的目标就是揭示世界之下的根本结构。但是科学如果能够的话也必须解释,否则只有卑微地接受以下事实:这个世界已引发

---

① 当然了,我们能够在并不确信数据意义的情形下解决由特定数据引发的问题——如我前面称之为"官方"的科学态度一样。但仅有一个问题的解的状态的物理世界,任意选择度过懒散的一个小时的物理世界,并非此处所预期的。

了能够将原始结构转变为我们经验的丰富程度的心灵,它不是错误表示而确实是成就——或许是长期生物进化的结果,我们从粗糙的基础上塑造的一个熟悉的世界,它是人类本性目的的成就感。如果类似的精神世界也被宗教色彩转变为超过其裸露的外部性质所暗指的任何事物,它可能允许同样确信地承认这不是错误表达,而是人类本性中一种神圣元素的成就。

或许我又一次把神学(在咨询了一个经典理论权威后)我冒昧地将其命名为"笑学"的假想的幽默科学进行对比,类比并非确信争论,而是必须在此用到它。考虑众所周知的苏格兰人,他有强烈的哲学倾向,也不能发现笑话。没有任何理由认为为何他将不在笑学里具有很高的荣誉,譬如写一篇对于英式幽默和美式幽默之间差别的犀利的分析。考虑到他对两方面都不熟悉,他对不同笑话的对比将会特别地没有偏见和公正的。但考虑他的观点对于哪种是正确的发展并无益处,因为对他而言需要一个同情的理解——他将(在适于我的类比的另一方面的用语中)需要转变。由笑学家和达观的神学家给出的那种帮助和批评目的是确保在我们的愚蠢行为之中还有办法。前一类可能表明我们对一种说法的愉快的接受是一顿美好的晚餐和一支精美的雪茄,的结果,而非对智慧的敏锐的觉察;后一类可能表明隐士狂热的神秘主义是发烧的身体的怪异行为,而非超验的揭示,但我并不认为我们求助于任何一方来讨论我们用于宣称生而具备的感觉的实在性,也不会讨论它的正确发展方向。那是我们所有人都在一定程度上相信的内部价值感觉的一件事,尽管它可能是一件被质疑能走多远的事。如果我们不具备这种感觉,那么会显得不仅宗教,而且物理世界以及对于推理的所有忠诚都会在不安全中摇摇欲坠。

有时候我会被问及,是否科学如今已不能支撑一个应该说服任何理性的无神论者的争辩。我不再能够强把宗教说教塞给无神论,一如我不能强把一个笑话塞给苏格兰人。"转变"后者的唯一希望是通过与心地善良的同伴的接触，他可能开始意识到他把生命中值得拥有的东西给错失了，或许在他严肃的心灵的深处存在禁忌的、幽默的种子在等待着被这种冲动唤醒。同样的建议看来适合于宗教传播，我相信它完全具有正统建议的优点。

我们不能装作提供证据，证据是一个纯粹的数学家为之抓狂的偶像。在物理学里，我们通常都满足于在不那么神圣的合理性面前做出牺牲。即便纯粹的数学家——一群固执的罗杰学家，耻于允许自己有所预判。他绝不会被完全说服数学体系没有瑕疵，而数学逻辑已经经历与物理理论革命同样深刻的变革，我们都好似在踽踽地追求着力所不及的理想。在科学里，我们有时候会确信对于一个我们珍惜但不能甄别的问题的正确解决，我们受到一些天生的事物适配度感觉的影响，因此对我们而言，在精神领域也存在我们本性要求我们信守的信条。

我已经给出了这类信条的一个罕见的曾受质疑的例子——即屈服于对自然美景的神秘影响，对人类精神是正确的和恰当的，尽管它被前面章节中所提到的"观测者"视为一种不可原谅的古怪行为。宗教信条往往被描述为一些关于屈服的类比用语，它不可能通过与那些在自身本质中感觉不到它的要求的人的争辩而加强。

我认为这些信条不可避免地都将强调对试图把握的东西的个人观点，我们不得不从取自于我们自身人性的符号中建设精神世界，如同我们采用取自于数学家的计量符号来建造科学世界一样，否则，它只能留待把握——一种在不时得欢呼中隐约感觉得到，但在生命的卑贱历程中失去的环境。为把它转变为更为连续的通道，我们必须能够在我们的珍惜和责任中以所有的真正宗教找到表达的更简单的精神—精神关系中接近世界精神。

神秘的宗教

我们也已看到物理的循环体系预设了一个位于其研究范围以外的背景,在这个背景下我们必须首先发现我们自身的人性,其后或许是一个更大的人性。我想,普遍的心灵或理性将成为从科学理论的当前状态中得到的一种相当合理的推理,至少它与其协调。但果真如此的话,我们的质询通过承认而使我们确信地一切,只不过是单纯的、无色彩的泛神论。科学不能告诉世界精神是好是坏,而它对上帝存在的疑惑的争辩可能非常同等地转变为对魔鬼是否存在的争辩。

我想那是一个之前曾困扰我们的物理体系的限度的例子——即在所有这些体系里,相反的事物由"＋"或"－"表示,过去和未来、原因和结果都以这种不足的方式表示。科学最大的一个谜团是发现为何质子和电子并非各自的简单的相反物,尽管我们对电荷的全部概念要求正负电荷应该通过"＋"和"－"号相关联。时间之矢的方向只能由神学和众所周知的热力学第二定律的统计学的不协调的混合物来确定,或者更明确地,时间之矢的方向能够被统计规则所确定,但其作为支配事实"感知世界"的意义只能通过神学的假设导出。若物理不能确定它自身的世界应该何者为上,对于伦理取向就不要指望能从中得到多少指引。当我们把未来置于物理世界中作为上时,我们相信某些内在的适配性的感觉。相似地,当我们把美德置为精神世界的上时,我们必须相信某些内部的监控。

假设物理科学限定了自身的范围,留下了一个我们随意或甚而获邀用精神意义的实在填充的背景,我们依然要面对来自科学的最困难的苛责。"这里",科学说道,"我留下了一个我将不再干预的领域。我认定你通过意识的自知知识已经获得了某类通向它的道路,以便其不必成为纯粹的不可知论的一个领域。但你要如何对待这个领域?你有来自于神秘经验的任何推理系统——一种堪比科学用于发展外部世界的知识的系统吗？我并不坚持你们采用我的据称不能实用的方法，但你应该有一些靠谱的方法。所声称的经验的基础可能有效，但我有任何理由把当前给予它的宗教解释视为好过笨拙的浪漫追求的任何事物。"

这个问题几乎超越了我的范围，我只能承认它的相关性。尽管我通过只考虑神秘的宗教选择了最轻的任务——我没有保卫任何其他事物的冲动，我并不急于给出一个应该形似完全的答案。显然，尽管意识的洞察是抵达位于科学符号后面的我称之为实在的、直接知识的唯一道路，也不能不受控制地毫无保留地信任它。在历史上，宗教神秘主义往往与不被认可的铺张浪费相关。我也假定对神学影响的过度敏感，可能是对不利于个体健康的神经质的信号，我们必须允许大脑的某些病理性条件在某些时刻显示为超凡脱俗的洞察。人们开始担忧我们所有的事物都被探察到并被消除，那样将不会留下任何的"我们"。但在物理世界的研究中，尽管我们的感觉器官能够通过宏观的幻影背叛我们，我们最终还是依赖它们。相似地，意识进入精神世界的道路可能被重重陷阱包围，但并不必然暗示没有可能取得进步。

必须坚持的一点是，如果有任何普遍意义的话，宗教或者与精神力量的接触必须成为日常生活的平常之事，并应该在任何讨论中都以此为准。我希望你们并未把我所说的在神秘主义者那里解释为反常的经验和揭示。我并不擅长讨论（有的话）何种证据价值可以附加到经验和洞察的更为奇怪的形式上，但在任何情形下，假设神秘宗教是这些方面主要考虑的相似于假设爱因斯坦的理论主要考虑的是睡醒的近日点和其他少数例外的观测。对于属于日常事务的事情，当前考虑的调门通常看来非常不合时宜地迂腐。

作为科学家，我们意识到色彩只是以太振动的波长的问题，但那并未排除这种感觉,即反映着波长接近 $4800\mu m$ 的光的眼睛是狂想曲的主题,而反映着波长接近 $5300\mu m$ 的光的事物却不被赞颂。我们仍未达到拉普岛人的境地,他们可以"如果他们想,例如赞美女人或其他动物之美,他们会用斜方形、圆形、平行四边形、椭圆机其他几何图形来表达赞美之情"。唯物主义者确信所有现象都出自于受数学公式支配的电子、量子及类似的事物,他们必定假设持有这个信念,即他的妻子确实是一个精美的微分方程,但他可能足够聪明而不在日常生活里受这种观点的干扰。如果这种科学隔离在日常的人际关系中被感觉到不足和不相干,那么在所有的人际关系的大部分里这都错位了——人类灵魂对于神灵的关系。

我们渴望完美的真理,但很难说所能发现的是何种形式的完美真理,我不能十分相信真理具有为详单所表征的形式。对于它的完美性,部分应该综合到我们所推崇的作为"比例的感觉"之中。当物理学家的比例的感觉告诉他把一块板材视为连续材料,而他明知这块板是含有稀疏分布的电荷的"真正"空荡荡的空间时,物理学家不在意任何对真理的不忠诚。对神的本质最深入的哲学研究可能给出同等地得自于日常生活的比例的概念,因此我们确实应该采用大约两千年前发现的一个概念。

我正站在进入房间的玄关处,它是一个很复杂的事,首先我必须抗衡作用在我身体上的每平方英寸 14 磅的压力,我必须确保踏足于以每秒 20 英里绕太阳旋转的一块板材上——早个几分之一或晚个几分之一秒,板材早就跑到数英里开外了。我们必须这样做,同时头部朝外伸入空间吊挂在一颗圆形的星球上,与此同时,以太风以无人知晓的几多英里每秒的速度穿过我身体的各处缝隙。板材不具有物质的坚固性,踏足其上就像踏足于一群飞蝇之上。我不会穿将过去吧?不会!如果我冒险这么做,其中一只飞蝇将撞击我并重新把我抬起来,我又掉下来又被另一只飞蝇撞击上升,如此等等。我可能希望净的结果将使我保持近似稳定,但若不走运的话我将穿过地板或被抬升的太过剧烈而到了天花板上。这种结果并非违背了自然法则,而是极为罕见的巧合。这些都是一些小的困难,考虑到我的世界线与板材的世界线相交,我确实应该以四维方式看待这个问题,由此再次有必要确定世界熵增长的方向,以便确保在我跨过玄关时是进入而非离开房间。

确实,让骆驼穿过一个针眼比一个科学之人穿过一扇门更容易,无论这扇门是谷仓门还是教堂门,明智的做法是,他应该同意作为一个普通人并且在行进而非等待,直至在一个真正的科学入口里所涉及的所有困难均得到解决为止。

结论

一股怒潮已经在实事求是的科学家的胸中涌流并即将喷发而出。

我假定最为紧迫的负担将是我所讨论的是在我的心灵深处认为仅仅是一些听起来很好的胡言乱语而已,我能够让你确信存在一个在后面的那一些章节中经常引起批评的我的科学部分。我将不会说我只是半信半疑,但至少我已经感到对于物理科学之途的思乡之情,那里或多或少地存在着可辨别的扶手栏杆使我们免于最严重的愚钝困境。但无论我如何感到想要拿掉这部分讨论并把自己局限于卖弄指针读数的本专业上,我都发现自己在坚持主要的原理。从以太、电子及其他物理机械开始,我们不能达到意识的人类并细致分析人类意识中所理解的东西,假想我们可能造出通过反馈与其周围环境相互作用的人类机器,但我们不能成为理性的人类,道义上有责任追寻与以太和电子或宗教有关的真理。或许它可能显得不必要地自命不凡而激起最近相对论和量子理论的发展,那也只是告诉你而已,但这很难是要点。我们已经遵循这些理论,原因在于他们含有当代科学的概念,承认科学必将最终服从于一个理想的观点这样一个信念并不是问题,但考虑这么做时,检验它的真正立场如何却是个问题。若我能传递最近已经打垮了科学理念的变革的意义的话,我可能牺牲掉前面四章里详细的讨论(或许受困于逻辑纠缠)。如今,物理学家以我只能描述为更神秘的方式看待他自身的外部世界,尽管并不比数年前风行一时的更不精确和实际——那时想当然地认为,除非工程师能够为之建立一个模型,否则没有什么东西是真的。曾几何时,当自我与构成经验的环境的完整组合看似能够比之今日更铁定地在物理学领域下面通过,那个自负的时期——斯时几乎有必要要求物理学的许可以便把个人的灵魂称为自己的灵魂——已经不复存在了。有关的变革引发了何者应该得到发展这一想法,即便不能获得有关建设性想法更清晰的看法,我们能够分辨出特定的假设、预期或恐惧不再适用了。

对物理学家而言,承认对于超越物理学的景象的必要性只是一种善意的胡言乱语,否认这一点反而是更糟糕的胡言乱语。或者正如狂热的相对主义者红衣女王所说的:"你把那个称为胡言乱语,但我听到过合理的能够与字典比拟的胡言乱语。"

因为如果那些坚持对每个事物都必定存在物理基础的人坚持这些神秘观点是胡言乱语的话,我们可以问那么什么是胡言乱语的物理基础?"胡言乱语"问题比任何其他道德问题都更贴近地触动了科学家,他可能认为善恶之间的区别太过遥远不值得劳神,但见识和胡言乱语、有效推理和无效推理之间的区别必须在每一个科学调查之初被接受,因此它可以很好地选用作为测试的一个例子。

如果大脑包含它认为是胡言乱语的一个物理基础,这必然是物理实体的某种结构———一种不精确的化学分泌物,但并非与那种产物有本质的不同。就像我的大脑说7乘8得到56,它的机器开始制造糖,但说7乘8得到65时它的机器就出了错开始制造粉笔,但谁说机器出错了?大脑作为物理机械它依照牢不可破的物理法则行事,为何要如此玷污它的行为?这种对化学产物好恶的歧视在化学中并非如此。我们不能把思想法则同化为自然法则,对它们应该服从而不是必须服从。物理学家必须在接受自然法则之前接受思想法则,"应该"把我们带到了化学和物理之外。它关注的是某些想要或尊崇糖而非粉笔的事物,想要或尊崇见识而非胡言乱语的事物。一架物理机器不能想要或尊崇任何事情,无论进入其中的是什么东西,它都将按照它的物理机器的法则来处理。在物理世界中覆盖了胡言乱语的东西,在心灵中不会为它的非难提供任何基础。用以太和电子的话来说,我们或许会碰到胡言乱语,但不会碰到该死的胡言乱语。

正确推理最为貌似合理的物理理论可能在某些方面会如下运行:通过推理我们有时能够预测事后为观测证实的事件,心理过程遵循一个终止于预期后续意识的概念的序列。我们可以把此类心理状态链条成为"成功的推理"——意在作为技术分类,没有涉及丑陋的"应该"一词的任何道德意义。我们能够检验何为成功推理的多个片段的共同特征,如果把这种分析用于推理的心理方面,我们得到逻辑法则,但推测起来该分析也能够用于大脑的物理组成。在伴有成功推理的脑细胞中的物理过程里发现显著的特征并非不可能,这将构成"成功的物理基础"。

但我们不只将推理能力用于预测观测到的事件,而(上面定义的)成功的问题也并非经常出现。尽管如此,如果这种推理伴有我称之为"成功的物理基础"的产物,我们将很自然地将其同化为成功的推理。

因此如果我说服我的唯物主义敌手撤下与他自己的原理不一致的"该死的胡言乱语"称号,他依然有权宣称形成这些观点的我的大脑并不含有成功的物理基础。由于存在一些把我们的各自观点混为一谈的

危险,我必须澄清我的主张:

(1)如果我像我的敌手那样思考,由于在我们不处理可观测的预测时,为何应该这么要求它并不明显,我将不会担忧宣称在我的推理中缺乏成功的物理基础。

(2)由于我不会像敌手那样思考,我深受这种宣称的烦扰,因为我应把它考虑成更强烈的(并非与我的原理不一致的)称号适用的表面符号。

我认为推理的"成功"理论将不会为纯粹的数学家所欣赏。对他而言,推理是一种天赋才能,应该远离外部自然的纷扰而享受。建议他的描述的状态依赖于如下事实,即一个物理学家不时成功地预测与观测相合的结果是个异端邪说。让外部世界持续自己的行为吧,仍将保留一个知识角落不受影响,他在那里可以高兴地追求黎曼—ξ 函数的根。"成功"理论自然地向物理学家证明自身的正确性,他采用此类大脑活动,因为它带领他去往他想要的东西———个对外部世界可验证的预测,由于这个原因他尊崇它。神学家为何不采用并尊崇引向他所想要的—对未来幸福的确保或者恐吓我们进入更好行为的苦境—非理性的一个心理过程。要理解我并非鼓励神学家轻视理性,我的观点是如果没有比"成功"理论更好的正当理由,他们应该做得很好。

由此我自身的关注以免我在谈及胡言乱语时,最终落在了说服我使我必须考虑不可能在物理世界里发现的一些事物。

另外一个正给这些讲座的任务,可能是承认一定程度的超自然主义,这在很多人的眼里迷信只要超自然主义与否认严格的因果性相关,我只能用量子理论的现代科学发展所带给我们的来回答,但有可能我们体系的最有争议的部分是允许进入心灵和意识的角色。我依然假设我们的对手承认意识这一事实,而且他知晓若非由意识得来的知识,科学研究便无从开始。他把意识看作超自然的吗?那么正是他承认超自然。或者他把意识视为自然的一部分？我们也是这样做的。我们把它处理成使之通往走进世界的实在和意义的道路的显要的位置，如同它是通往世界的所有科学知识的道路。或者他把意识视为某种不幸地必须承认但很难以礼相待的事物？即便如此我们还是幽他一默，我们已经把意识与世界的物理调查中未触及的背景相关联，并且也给了物理学家一处他能够绕圈行进而不会碰到任何使之面红耳赤之事的领域。在此，自然法则的领域确保他覆盖所有他曾有效占据的地方，确实，它已经非常接近于我们讨论的目的，即确保这一科学方法可能不受阻碍地工作的领域，以便处理横亘于前的我们经验的那个部分的本质，这种对科学方法的卫护可能并非不必要的。常常有这样的非难，通过忽视对广泛的文化显而易见的人类经验的方面，物理科学已经被一种导致其进入凄惨迷途的疯狂所左右。令我们高兴的部分是存在物理方法胜任的宽广的研究领域，将这些其他方面引入其中将是完全有害的。对宗教的科学辩护者而言，一个受到不断攻击的诱惑是拿出它目前的印象的一部分，并在对思想去粗取精（它必须与适应于人性的日常需要的任何事物关联）淡化其意义直到所遗很少后，其可能处于科学或任何其他事物的反面。如果修正后的解释已经首先得到呈现，将无人提出有力地批评了，另一方面，将无人会受到多大的精神热情刺激。引导这种诱惑要更容易些，因为他必须是一个程度的问题。显然，如果我们要从数百套不同的教义中抽取出任何有待卫护的一贯观点，至少它们中的一部分必须提交给一个淡化过程。我不知道读者是否将能开释我在触及宗教的旅途中屈从于这一诱惑的做法。但我已经尽力进行了回击。任何明显的失败可能在以下方面出现：我们已经关注了物质和精神世界的边界地带，是从物质一侧实施的。从这一侧我们能够对精神世界确认的一切都将不足以对即便最苍白的神学印记为之辩护，而神学并非太过虚弱以致对人类前途不具有任何实际的影响，但在任何严肃宗教中所理解的精神世界绝非没有色彩的领域。由此,通过将这块科学的腹地称为精神世界,我可能显得在乞求一个生死攸关的问题,鉴此我不仅倾向于一个临时的辨识。为使之更具临时性,必须从另外一侧来想办法。我并非意在玩弄业余的神学家,而是详细地考察这种方法,但我已经指出对这一领域的宗教色彩的特性必须依赖于内心的信念,我想我们不应否定内心信念的合法性。

或许会说由这些来自现代科学的理由所得到的结论是大约在1927年时,对于一个理性的科学之人而言首先成为可能的是宗教。如果我们必须考虑那个令人厌倦的人,那个始终如一地理性的人,我们可以指出不仅宗教还有生活的绝大多数日常方面,在那一年里对他都会首先成为可能。我想象,特定的公共活动(如相爱)依然禁止了他,如果我们的预期证实,在1927年间确实由海森堡、波尔、波恩及其他科学家对严格的因果性实现了最后倾覆,那一年将在科学哲学的发展过程中一定位列最伟大的时代之中。但看到在这个开明时代以前,纵然有严格因果性的束缚,人们仍努力说服自己他们必须塑造他们自身的物质性的未来,他们或许可以很好地采用宗教中的同样的生活方式。

这带着我们去考虑常常武断地断言的观点:因为科学和宗教分属完全不同的思想领域,它们之间并不存在矛盾。这暗示着我们所一直求索的讨论是不必要的。但于我而言,那看来更像是这种断言挑战了这种讨论——以便观察这两种思想领域能够如何通过我们的存在独立地关联起来。业已看到这种方式的端倪,其中思想的科学领域已经从我们能够给予审慎认可的自我封闭的循环体系中构建自身。这种矛盾将难以避免,除非双方均把自身限定在他们合适的领域。能够使我们对它们之间界限的更好的理解的讨论应该是对于和平状态的贡献,对前沿困难而言依然存在许多机会,一个特定的说明将表明这一点。

并不局限于宗教的更教条的信徒的一个信仰是为我们准备了一个

未来的非物质性的存在,天堂不存在于空间之中而在时间之中(这一信仰的所有意义均由未来一词限定。在存在的一些先前状态中,在快乐的保证中没有舒心)。另一方面,科学家宣称时间和空间是单一的连续体,对时间之中而非空间之中的天堂的现代观点,在这一方面随科学的变化,比哥本哈根学派关于天堂在我们头顶的观点更大。我现在所提出的问题不是神学家或科学家哪一方正确,而是哪一方侵害了另一方的领域?难道神学家能够以非物质的方式清除了人类灵魂的宿命性而不侵害科学的领域?难道科学家能够宣称有关空间—时间连续体的几何的结论而不侵害神学的领域?根据以上的说法,科学和神学能够犯他们在自身的领域里爱犯的那些错误,他们不能争论是否他们保持在他们自身的领域内,但它将要求很技巧地画出边界线以挫败该处矛盾的发展。[1]

现代科学思想的哲学趋势与30年前的观点显著不同,难道我们能够保证后30年里不会出现另一次革命,或许甚而一次完全的复旧?我们可以确定地预期大的变革,届时很多事物将以新的面目出现,那会成为科学和哲学关系中的一个难题,那也是作为戒律,科学家为何很少关注对他自身的发现的哲学意义的原因。通过顽强的努力他缓慢曲折地前进着达到愈益纯粹的真理,但他的观点看来以使旁观者最为困惑的方式迂回曲折。科学发现犹如把一个巨大的七巧板的散件拼合到一起,科学革命并不意味着必须打碎这些已摆放好并互相连接上的散件,而是意味着在拼合这些新的散件时我们必须修订我们有关拼图图片的印象。某一日你询问科学家他的进展如何,他回答道:"很好。我非常接近于完成这片天空的拼图了",另一天你问到天空是如何运行的,被告知道:"我附加过很多的东西,但附加的是大海而非天空。在海面上

---

[1] 这种困难显然与时间进入我们经验的双重入口有关,就此我已多次提及。

漂浮着一叶小舟"。或许下次，它会变成一把倒置的遮阳伞，但是我们的朋友依然狂热地欣喜于他所取得的进步。科学家推测所完成的图画如何发挥作用，在他寻找其他散件来拼合时，他主要依赖于这些图画。但是，他的推测随着拼合进行过程的不可预料的进展不时进行修正。有关这些最终图画的思想的革命并未致使科学家对他的手艺失去信念，因为他知道所完成的部分在稳步增长，那些越过他的双肩看过去并将当前部分发展的图画用于科学以外目的人自身要冒风险。

如果我们对于其永久性抱着很大的信念，科学理论终极性的缺乏将对我们的论辩构成一个严重的限制。信仰宗教的读者可能很满足于我没有向他提供量子理论所揭示的"上帝"，因而在以后的科学革命中易于清除。如今科学理论并不具有多么特别的形式——这是一个我们相信我们业已证实的结论，如同它们之后的哲学家所关注的思想运动。我们的眼界一旦开阔起来，我们便可以进入世界的一个更新的景致，但是我们决不能重返到旧的景致。

如果我们现今建立在爱因斯坦、波尔、卢瑟福及其他人的科学进步之上的哲学体系在以后30年间注定倾覆的话，那么我们步入迷途责任不在他们。如欧几里得、托勒密（Ptolemy）、牛顿等人的体系，均曾各领风骚，因此爱因斯坦和海森堡的体系可能也要让位给世界的某些更完全的实现。但是，科学思想的每一次革命都是旧曲谱新词，既有的理论并未遭到破坏而是得到加强。在我们印象的带有缺陷的尝试中，科学真理之核则稳步成长，关于这个真理或许会说——它变化越大，它越保持为同一事物。